"十四五"普通高等教育部委级规划教材

室内设计
手绘表现

SHINEI SHEJI
SHOUHUI BIAOXIAN

朱柳颖　吴欣彦　主　编

方建军　刘丞均　贾园园　副主编

U0241538

中国纺织出版社有限公司

内 容 提 要

本书概括介绍了手绘工具、手绘技法种类及特点，详细讲解了室内设计中常用透视和绘制要领，重点解析了室内单体家具的设计方法和室内组合家具的风格、搭配和尺寸，并从室内平面图、立面图、平面转透视设计图三个方面，对室内设计手绘规范的知识进行梳理。

本书可供环境设计专业的学生使用，也可供室内设计人员进行室内空间表现和整体空间全案手绘设计参考。

图书在版编目（CIP）数据

室内设计手绘表现 / 朱柳颖，吴欣彦主编；方建军，刘丞均，贾园园副主编 . -- 北京：中国纺织出版社有限公司，2024. 11. -- （"十四五"普通高等教育部委级规划教材）. -- ISBN 978-7-5229-2009-2

Ⅰ . TU204

中国国家版本馆 CIP 数据核字第 2024XA2574 号

责任编辑：华长印　朱昭霖　　责任校对：寇晨晨
责任印制：王艳丽

中国纺织出版社有限公司出版发行
地址：北京市朝阳区百子湾东里A407号楼　邮政编码：100124
销售电话：010—67004422　传真：010—87155801
http://www.c-textilep.com
中国纺织出版社天猫旗舰店
官方微博 http://weibo.com/2119887771
天津千鹤文化传播有限公司印刷　各地新华书店经销
2024年11月第1版第1次印刷
开本：787×1092　1/16　印张：12.5
字数：200千字　定价：79.80元

前言

伴随创意经济时代的到来，高校艺术学相关专业学生作为设计领域的新生力量，需要在汲取民族营养的基础上，以文化为基础，以思想为动力，以创造为核心，通过对文化资源的深度整合和提升，绘制具有地域性、艺术性的手绘作品。

"室内设计手绘表现"作为高等院校环境设计专业必修的专业基础课，对学生掌握基本的设计表现技法、理解设计、深化设计、提高设计能力等方面有重要的作用。

本书编写团队不断打磨教材的知识化、专业化水平，不断探索优秀传统文化应用于室内设计手绘的方法，不断提升学生手绘表现的技术能力、综合素质。本书有以下三个特点。

其一，注重文化传承与美育。通过文化元素、造型色彩、构图形式、形式美法则等知识内容，培养学生感受美、表现美、创造美的能力。在美育的过程中，充分挖掘课程涉及的传统文化元素和所承载的思想政治教学功能，使学生成为美的创造者、红色文化的传播者、社会正能量的守护者。例如：第一，传统元素与手绘表现挂钩。本书第五章室内组合设计表现，详细剖析室内功能空间常见陈设组合，包括：沙发组合、床具组合、餐桌组合、书桌组合、洁具组合、卫浴组合，每一个组合的手绘表现案例都紧密结合传统文化的元素特点、样式材质、色彩搭配等进行详细讲解，有助于学生对传统文化的提取、转化和应用。第二，红色文化与教材思政相呼应。本书根据多年手绘课程教学实践经验，在第四章室内单体表现、第五章室内组合设计表现、第六章室内空间设计表现等章节，都有红色文化的相关内容，思政贯穿本书的主体章节。

其二，转化科研成果与应用。团队教师深刻理解科研和教研相辅相成、相互促进，两者都在创造知识、分享知识、培育知识，能够帮助教师更好地梳理和夯实手绘教学基础。基于已有科研转化教学资源目标，将科研项目研究内容，如中原城市文化元素提取和艺术特色分析、和谐美善思想与手绘的形式美等成果，转化进教材手绘方案设计、手绘设计表现中，为室内手绘设计表现服务地域文化、地方经济、城市建设做出指引。

其三，配有融媒体资源。随着教育信息化的深入，本书主张把传统教学的优势和数字化教学的优势结合起来，实现二者优势互补，从而获得更佳的教学效果。本书针对每个章节的重点、难点知识，都配套录制教学视频，方便学生自主学习、临摹、研究。

由于编者的水平有限，书中难免存在不足之处，敬请广大读者批评指正。

朱柳颖

2024年3月30日

目录

·第一章·

概　述

室内设计中，手绘表现是设计师的基本专业素养，可以记录瞬间的设计灵感，形成概念方案，呈现室内空间层次，细化造型与色彩关系，贯穿室内设计方案的全过程。

第一节　室内设计手绘表现的内涵与发展

一、内涵和意义

手绘表现是室内设计方案的呈现形式，它是通过设计师运用一定的绘图工具和表现技法，来构思主题、表达意图的一种创作形式，能够体现设计师的专业能力、审美情趣与艺术修养，传递设计理念与意图，是设计师与外界沟通交流的媒介。

室内设计手绘表现延续传统绘画形式，通过点、线、面的方式，借助透视规律，并结合恰当构图，把创意、规划、设想等抽象的内容转化为具象的视觉形式，并在二维的图纸上以三维立体的形式表达出来，具有灵活性、生动性、真实性。

室内设计手绘表现是设计师与客户、同行、施工人员等不同角色沟通的视觉传达工具与桥梁，它能够准确表达室内设计方案构思、反复推敲设计方案、详尽表现真实效果。室内设计包含很多专业图纸，如建筑结构原始图、平面图、立面图、天花布置图等，而大多数客户并不了解这些图纸的作用，为了让客户更清晰了解设计师的思路和想法，采用室内设计手绘表现，可以清晰传递设计师的构思，让客户和设计师沟通更顺畅。

室内设计手绘表现是设计师表达创意、理念、情感最直接、最有效的途径和方式，尤其是手绘表现。首先，它可以帮助设计师记录稍纵即逝的灵感火花，当设计师外出考察或查阅设计资料时，手绘表现会成为一种最行之有效的快速记录方式；其次，它可以做前期设计的草案或创意推敲，设计师此时往往处于思绪飞扬、天马行空的创作阶段，手脑结合显得尤为重要；最后，它可以作为正式的方案投标，电脑效果图产生前，设计师主要依靠相对写实的手绘表现，对空间、陈设、色彩、灯光、质感等进行准确描绘，最大限度地接近实际，让客户可以快速、直观地欣赏到室内装饰装修后的环境氛围。

二、发展历程

室内设计手绘表现与建筑画技法关系密切，大致分为四个阶段。

起源阶段：1670年成立的意大利圣·路卡学会（The Accademia di San Luca, Italy）对建筑画技法风格的形成、发展起到极大的推动作用，促使建筑画开始走向规范化道路。

形成阶段：自16世纪起，建筑设计的中心逐渐由意大利转移到法国。在意大利建筑设计和建筑画法的基础上，发展形成了19世纪法国学院派绘画风格。

变革阶段：19世纪末，法国的建筑画发生了革命性的变化，技法表现更加丰富，钢笔、铅笔、水彩等工具被运用到建筑透视图的表现中，形成了精细写实的表现形式。

更名阶段：20世纪初，涌现出一批现代主义建筑师，建筑画不再以单纯描绘建筑形象为目的，而是注重表达创造性思维和进行自我交流，手绘建筑画从名称上也更改为手绘效果图。室内设计手绘应用和延续了手绘效果图的艺术表现力，具有独特的优越性，是建筑与艺术价值的完美体现。

第二节　手绘表现工具及特征

室内设计手绘表现大致分为黑白表现和彩色表现两种。

一、黑白表现及工具

室内设计黑白手绘表现大致分为两种情况，一种是徒手快速地进行勾勒，用时短、速度快，着重记录个人的创意构思，追求自然、洒脱的速写感，画面效果生动、明快、简洁，层次鲜明，为主观性较强的概念性方案设计；另一种是集绘画技巧与工程技术于一体，像工程制图一样严谨的方案设计。这两种黑白表现形式，借助不同线条造型、粗细变化，运用理性的观念来绘制，表现室内具体的实用设计。

黑白表现工具包括铅笔（图1-1）、签字笔、针管笔、钢笔（图1-2）、美工笔、碳铅笔。这些笔的线条有长短、粗细、宽窄、动静、方向等空间特性，能够描绘不同的艺术语言、形态语言、视觉语言。其中，不同粗细的针管笔在室内设计手绘表现中应用广泛。例如，柱子的线条最粗用0.8mm的针管笔，墙体用0.5mm或者0.3mm的针管笔，家具用最细的0.25mm或者0.1mm的针管笔。

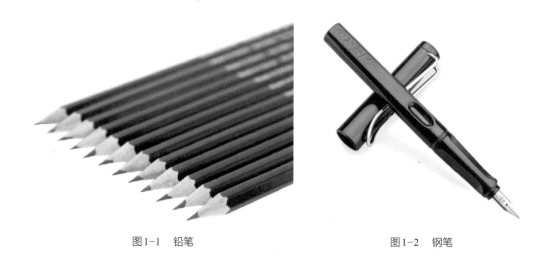

图1-1　铅笔　　　　　　　　　　　　　　　　图1-2　钢笔

二、彩色表现及工具

在室内设计手绘表现确定方案稿后，使用马克笔、彩色铅笔、彩粉、水粉等工具进行上色表现，能够更加充分地对室内空间结构、材质进行艺术化处理，提升手绘表现效果图的艺术感。

从色彩的稳定性、便携性角度出发，室内设计彩色手绘表现工具使用较多的是马克笔和彩色铅笔。

马克笔分为水性、油性、酒精性三种。水性马克笔具有色彩鲜亮、笔触清晰的特点，但笔触重叠时容易渗透纸张，画面干得比较慢；油性马克笔具有色彩柔和、笔触自然的优点，但对于初学者来说，较难驾驭；酒精性马克笔色彩饱和度高，颜色叠加效果非常好，初学时选用较为普遍。常见的马克笔品牌有泰驰马克（Touchmark）、法卡勒（FINECOLOUR）、斯塔等，颜色种类从12色到168色。在室内设计手绘马克笔表现中，有色系常用于软装陈设，灰色系常用于顶面、墙面，配色60支适中，颜色越多，画面的过渡、衔接越自然（图1-3、图1-4）。

彩色铅笔分为水溶性和普通性两种，使用简单、色彩稳定、容易控制，常与马克笔配合使用，刻画细节纹理、粗糙质感等，在表现一些特殊肌理如木纹、织物、皮革等时效果独特。其中水溶性彩色铅笔使用更为广泛，主要有马可、中华、马利、辉柏嘉等品牌（图1-5）。

图1-3　泰驰马克笔

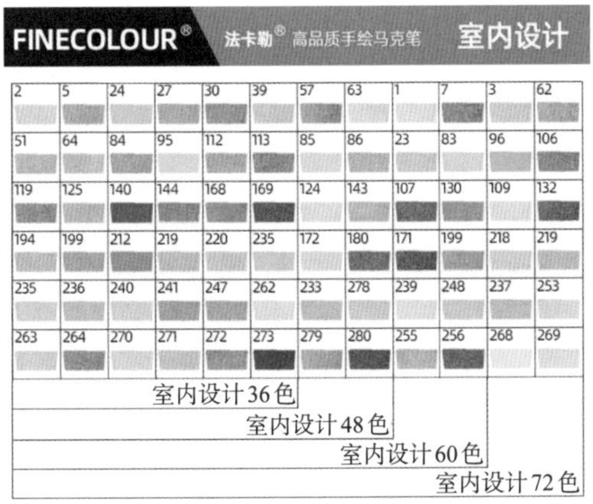

图1-4　法卡勒色卡

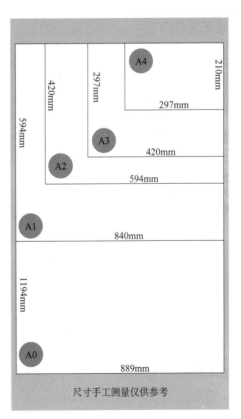

图1-5　彩色铅笔

三、绘图纸张

室内设计手绘表现的用纸应随绘图的形式来确定，常用纸张有绘图纸（工程制图质）、复印纸、素描纸、水粉纸、色卡纸（图1-6~图1-9）。

绘图纸适宜马克笔、彩色铅笔、水粉等手绘作画形式，表面光滑、结实耐磨，纸质较厚，常用A1、A2、A3等幅面大小。复印纸携带方便，学生课堂练习常用纸张有A3、A4两种规格，通常重量有70g或80g，相对较薄，使用马克笔绘画时，存在容易渗透的情况，可以作为练习纸使用。素描纸主要用于铅

图1-6　绘图纸

| 图1-7　复印纸 | 图1-8　素描纸 | 图1-9　色卡纸 |

笔或彩色铅笔绘图。水粉纸纸质较薄，吸色稳定，但不宜多擦。色卡纸色彩丰富，能够较好地烘托室内色彩基调，常用A3幅面大小。

四、其他工具

室内设计手绘表现还需要借助直尺和三角尺、缩放制图尺、角度平行尺、曲线尺、椭圆尺、圆规等绘图工具，可根据绘图需要有选择性地准备（图1-10~图1-15）。

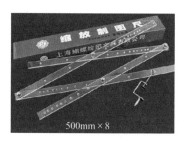

| 图1-10　三角尺 | 图1-11　缩放制图尺 | 图1-12　角度平行尺 |

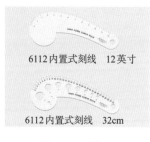
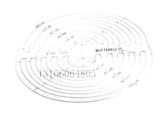

| 图1-13　曲线尺 | 图1-14　椭圆尺 | 图1-15　圆规 |

另外，室内设计手绘表现还可能需要一些辅助工具，如调色盘、吹风机、橡皮擦、

削笔器、涮笔器、涂改液等（图1-16）。例如，在使用马克笔或者彩色铅笔表现技法时，涂改液主要用于"高光"的点缀，可以使画面有亮点，起到"画龙点睛"的作用。

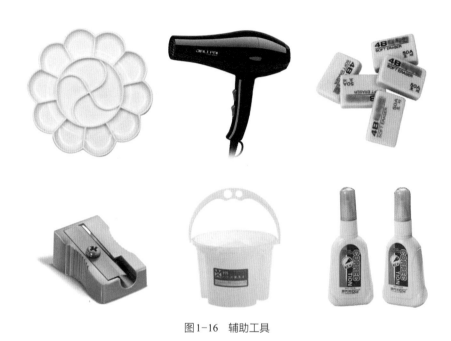

图1-16　辅助工具

第三节　学习方法

一、临摹训练

临摹是最直接和最有效地学习他人经验，进行观察和表现的方法。我们要有独特的眼光选择合适的临本，这是极其重要的，要注意对临摹的室内设计手绘作品进行分析总结，归纳有价值、易掌握的用笔、用色及处理画面的技巧等，研究成图的规律。

临摹既要有量的积累，又要有质的提升，量的积累会形成手的记忆，也就是手感，质的提升就需要根据对表现的不同要求，进行精细翔实的表现或者快速概括的表现。

二、仿制画风+临绘照片训练

仿制是对适合自己学习风格的优秀作品进行临摹、模仿，借鉴优秀室内设计手绘作品的特点、表现技巧，并在临绘照片过程中嫁接到自己的画面上。

三、写生训练

　　写生要多以周边室内环境、建筑为表现对象，表现形式多以钢笔或铅笔为主，通过写生培养对绘画对象的表现能力和对画面的处理能力，逐步养成下笔之前多观察、勤分析、定立意，再下笔的习惯，注意整体关系与细节刻画的相互把握。

·第二章·

基础训练

第一节　黑白表现

在室内空间中，物体需要借助一定的形式进行呈现，黑白线条就像物体的骨架，会通过不同形式的线条塑造物体的结构特征。黑白线条表现是设计的一种语言表达形式，是传达设计想法的重要表现手段和组成部分。

一、线条类型

线条大致可以分为直线、曲线、折线三种。不同线条的运笔方向、视觉效果存在差异。

（一）直线

直线主要包含水平线、垂直线、斜线三种，如图2-1所示。

1.水平线

水平线从左向右进行水平运笔。水平线段的起、始笔要稍做停顿，运笔过程要力度均匀、流畅。

水平线给人的感觉是平静且庄重，在室内空间手绘表达中，水平线的运用有助于营造随和平静的空间环境。

2.垂直线

垂直线从上向下进行运笔。垂直线段的起、始笔同样要稍做停顿，运笔过程要力度均匀、流畅。

垂直线具有挺拔崇高的视觉效果，在室内空间手绘表达中，垂直线的运用有助于空间高度与重量感的营造。

3.斜线

斜线呈对角线倾斜运笔。斜线线段的起、始笔同样要稍做停顿，运笔过程要力度均匀、流畅。

斜线具有方向性、运动感，在室内空间手绘表达中，斜线具有空间指引性，使空间具有动态变化。

（二）曲线

曲线可概括归纳为环线、弧线、自由曲线三种，如

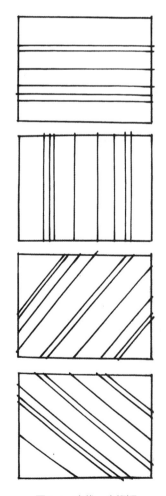

图2-1　直线　朱柳颖

图2-2所示。

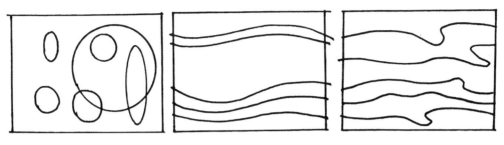

图2-2 曲线 朱柳颖

1.环线

环线呈环状运笔，包含圆、椭圆两种形状。下笔前，手臂先握笔模拟圆形走势，形成肌肉定式，再下笔。圆形线条的起、始笔要轻，运笔过程要力度均匀、流畅。

环线可使人产生包围感，在室内空间手绘表达中，具有轻松圆满的空间属性，使空间充满和谐韵律。

2.弧线

弧线模拟线段在受到外力影响下所呈现的上下、左右波动。下笔前，需要先确定好弧线的走势、弧度，以及变化规律，再下笔。圆形线条的起、始笔要稍做停顿，运笔过程要力度均匀、流畅。

弧线具有动态变化的视觉特征，在室内空间手绘表达中，具有活泼的空间属性，使空间充满律动美。

3.自由曲线

自由曲线更具灵动性，运笔自然生动。

在室内空间手绘表达中，自由曲线蕴含动态趋势，能够使画面活泼、富有生机。

（三）折线

折线主要包含"V"形、"m"形、"几"形三种，如图2-3所示。

1."V"形

"V"形折线转折明显，有力度，线性的视觉效果比较尖锐，给人的感觉是简约、现代、稳定。

"V"形折线是极简主义常用的表现形式，在室内空间手绘表达中，其运用可以打破空间形式，带来更多的变化。

2."m"形

"m"形折线像波纹，线性的视觉效果比较平滑，协调有规律，节律性好，给人的感觉是柔软、舒适。

"m"形折线具有自然生动的表现力，在室内空间手绘表达中，能够塑造活泼、舒适的空间环境。

3."几"形

"几"形折线像齿轮，运笔过程需要注意轻重缓急、疏密节奏。

"几"形折线具有较强的生命力，在室内空间手绘表达中，常用在植物表现或者装饰花纹的局部表现上。

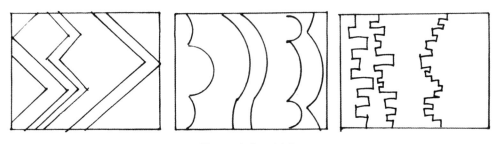

图2-3 折线 朱柳颖

二、练习方法

线条的徒手练习，可以借助穿点、连点、网格、拼接的方法，帮助绘制不同的线条，如图2-4所示。

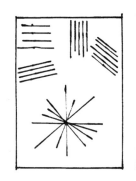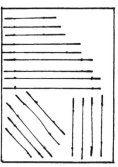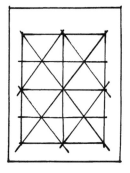

图2-4 线条练习方法 朱柳颖

（一）穿点

穿点指线段穿过一个点，来帮助绘制具有放射特点的线段，且线段的方向灵活多变，可以是任意方向。

（二）连点

连点指先固定起、止点，然后绘制线段快速穿过两点。这种练习方式可以帮助构建线段明确的运笔方向，使线段又快又准。

（三）网格

网格指在线框上定点，然后连接相应的点，形成网格。这种练习方式既可以练习不同方向的线段，还可以锻炼线段的控制力。

（四）拼接

拼接指当徒手绘制的线段较长时，可以通过拼接的形式，将线段分成两段，或者若干段来绘制。

三、明暗表现

（一）面的渐变

线条在平面手绘表现中，可以通过疏密来表现面的明暗渐变效果。在绘制时，需要注意线条的疏密节奏和运笔方向，如图2-5所示。

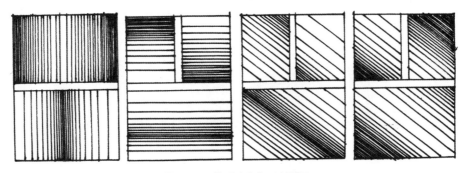

图2-5　面的明暗变化　朱柳颖

（二）单个体块的黑、白、灰

线条在体块手绘表现中，可以借助疏密节奏与方向变化来刻画体块的黑、白、灰关系。在绘制时，需要注意线条起止位置与面的受光情况有关系，如图2-6所示。

体块的三个面都有明暗变化，但存在疏密差异。暗面线条间距小，排线较密集；灰面线条间距逐步变大；亮面用线间距更大，最为稀疏。另外，在体块的绘画中，需要借助明暗对比来塑造转折关系，即明暗交界线处线条最为密集，与之相交的面需要是其他面相对亮的部分。

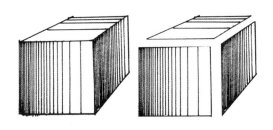

图2-6　体块的明暗变化　朱柳颖

（三）空间的纵深

线条在空间纵深表现中，可以借助横向、竖向线段的疏密变化来刻画空间的深度、高度，如图2-7所示。

横向的线条水平方向变化，运用到室内空间中，给人以宽广的感觉；竖向的线条垂直画面，具有挺拔的支撑作用；斜线交会于灭点，体现空间的深度变化。

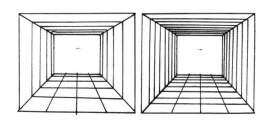

图2-7　纵深的明暗变化　朱柳颖

第二节　彩色表现

手绘表现的彩色表现形式很多，可以借助彩色铅笔、马克笔、色粉、水彩等。马克笔具有色彩丰富、可塑性强、速干便携等优点，是手绘表现的彩色表现中最常见的形式。

一、马克笔基本笔触

马克笔在室内空间绘画中，常见的笔触大致可以归纳为横向、竖向、斜向、扫笔和点，如图2-8所示。

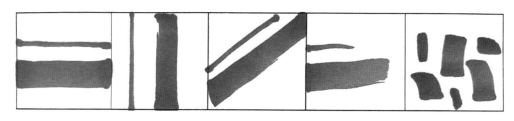

图2-8　马克笔基本笔触　朱柳颖

二、马克笔单色面表达

马克笔单色面表达，就是运用一种颜色的马克笔，通过笔触的变化，多遍叠加塑造，形成画面需要的明暗变化，或者质感、肌理效果。

（一）面的渐变

运用马克笔在进行一种颜色的平面绘制时，一般会刻画三遍，具体绘制如下（图2-9）。

第一遍：平铺运笔到面框2/3处，斜向运线，营造出明暗的视觉变化效果。注意起笔、落笔肯定，中间运笔力度均匀、流畅，不停顿。笔触与笔触之间不要追求无缝衔接，笔触应自然。

第二遍：等待第一遍干后，加重暗部，即进行第二遍运笔，从面的暗部开始运笔到面框1/3处，画斜线。斜线收笔时，不超过面框的2/3处。

第三遍：进一步调整，加重面框的暗部，使暗部颜色重下去，灰部显示固有色，亮部笔触清晰。

最后，画面需要收边。

图2-9 单色面图 朱柳颖

（二）单色体块

通常情况下，手绘表现技法绘制物体时，会将物体概括成一个正方体块或者长方体块。从绘画角度的刻画需要出发，会选择能够呈现体块三个面的角度来刻画体块，使体块更加丰富、立体。

运用马克笔进行单色体块绘制，即选用一种颜色完成体块三个面的绘制，如图2-10所示。

首先，确定固有色。

其次，找到体块的明暗交界线。从明暗交界线开始，铺暗面、灰面的固有色。暗面根据需要调整加深1遍或2遍，灰面上，笔触的刻画需要有明暗、粗细的笔触变化。

图2-10 单色体块 朱柳颖

最后，刻画亮面，笔触根据画面需要进行绘制。

三、马克笔复色表达

马克笔复色表达就是运用两种或者两种以上同类颜色的马克笔，通过色彩的深浅搭配使用，形成画面需要的明暗变化，或者质感、肌理效果。

（一）面的渐变

运用马克笔在进行多种颜色的平面绘制时，需要从色号卡中先将需要用到的马克笔挑出来，注意色号间的衔接，色差过渡不能太大，如图2-11所示。

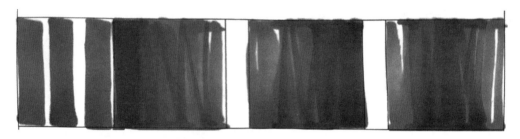

图2-11　复色面图　朱柳颖

第一遍：平铺，即使用固有色平铺运笔到面框2/3处，斜向运笔，营造出明暗的视觉变化效果。

第二遍：调整暗部，即等待第一遍干后，使用重色，从面的暗部开始运笔到面框1/3处，画少许斜线进行过渡衔接；重色的使用不宜太多，以免影响固有色。

第三遍：进一步调整，加重面框的暗部；或者使用明度高的颜色刻画亮部。

在多种颜色马克笔的搭配使用中，如果在上一种颜色还没有干时就进行下一种颜色的使用，色彩的衔接会比较自然；如果需要强调两种笔触，需要等待上一遍颜色干后，再进行下一遍的绘制。

（二）复色体块

运用马克笔进行复色体块绘制，即选用两种或多种近似颜色，完成体块三个面的绘制，如图2-12所示。

首先，平铺，即固有色平铺运笔。暗面从明暗交界线开始平铺。灰面注意笔触的间距适当变大，可以运用斜线，增加灰面的明暗变化，与明暗交界线处形成对比。亮部可以用扫笔，或者加大笔触的间距来提高明度，或者根据需要使用明度较高的马克笔。

其次，第一遍干后，进行第二遍运笔，选择同类色中颜色较深或纯度低的颜色，主要是调整明暗交界线，加深暗面。灰面如果需要调整，则还是用固有色进行刻画，强调体块黑、灰、白的素描关系。

最后，根据需要进一步调整，加重暗部，或者提亮亮面。

一般情况下，暗面多用平涂的形式即可，不强调笔触变化；灰面要注意明暗渐变、笔触的变化；暗部相对较重，但重色使用面积不宜过大，以免影响画面；灰部体现物体的固有色；亮面笔触相对明显。

图2-12　复色体块　朱柳颖

需要强调的是，体块的每一个面都有黑白渐变，且暗面的黑部衔接灰面的白部，塑造体块的转折效果，色彩上的转折对比能够更好地建立体块。

（三）组合体块

组合体块会存在上下、前后、高低等关系变化，如图2-13所示。

图2-13　复色体块组合　朱柳颖

首先，确定光源，室内空间中一般默认为顶光。体块组合的光源有且只有一个（主光源以外的光源忽略不计）。确定光源后，找到组合体块中每个单体的暗面、灰面、亮面，确保它们的受光面一致。

其次，确定明暗交界线及运笔的方向。对照色号卡，找到亮色马克笔进行平铺，再从明暗交界线开始暗部和灰面的刻画，注意强调两个面的明暗对比。

最后，根据体块自身的黑、白、灰素描关系，找到对应的马克笔，进行暗面、灰面的调整。

第三节　材质表现

室内空间常见的家具用品、窗帘布艺，以及地面、墙面的铺装材料，都有着鲜明的材质特点。在手绘表达中，主要通过观察材质的细节特征，提炼其具有代表性的纹理，归纳其线条的走势，模拟其色彩组成，进行手绘表现。

一、线条与材质

室内空间常见的材质大致上归纳为木材、石材、玻璃、金属、布艺、植物、水等，每一种材质由于其组成物质不同，线条的运用和组织上也存在差异。

（一）木材

木材的质感分析：柔和舒适。

线条的属性：曲线＋弧线，如图2-14所示。

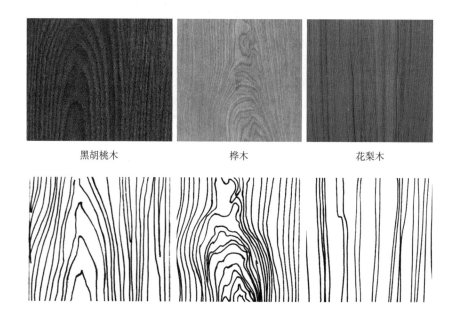

黑胡桃木　　　　　　桦木　　　　　　花梨木

图2-14　木材线条表现　朱柳颖

（二）石材

石材的质感分析：坚硬挺括。

线条的属性：折线＋长直线，如图2-15所示。

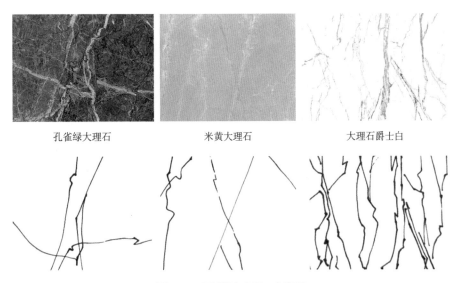

| 孔雀绿大理石 | 米黄大理石 | 大理石爵士白 |

图2-15 石材线条表现 朱柳颖

（三）玻璃

玻璃的质感分析：光滑透明。

线条的属性：斜直线，如图2-16所示。

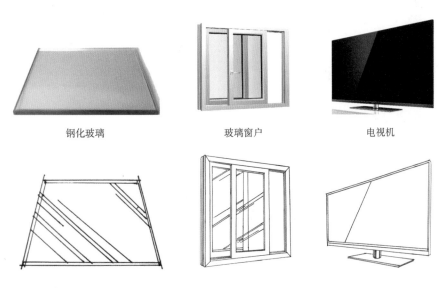

| 钢化玻璃 | 玻璃窗户 | 电视机 |

图2-16 玻璃线条表现 朱柳颖

（四）金属

金属的质感分析：硬。

线条的属性：直线疏密变化，如图2-17所示。

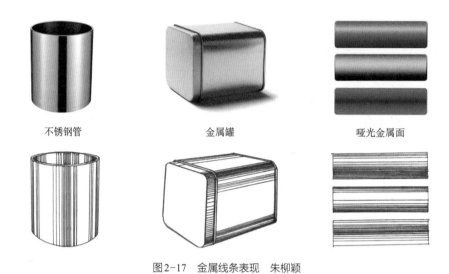

不锈钢管　　　　　　　　金属罐　　　　　　　　哑光金属面

图2-17　金属线条表现　朱柳颖

（五）布艺

布艺的质感分析：柔软。

线条的属性：曲线，如图2-18所示。

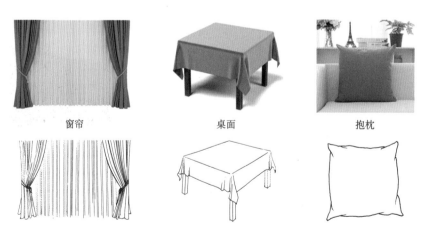

窗帘　　　　　　　　　　桌面　　　　　　　　　抱枕

图2-18　布艺线条表现　朱柳颖

（六）植物

植物的质感分析：飘逸。

线条的属性：曲线，如图2-19所示。

竹芋　　　　　　　　　　青叶也门铁　　　　　　　　　文竹

图2-19　植物线条表现　朱柳颖

二、色彩与肌理

运用绘画工具，对材质进行上色表现时，需要观察其纹理特征、色彩倾向，同时，要注意材质表面的光滑度、透明度，以及反光强弱的综合表现。

（一）石材

石材表面带有自然纹理，是室内地面、墙面中常见的装饰材料。手绘表现中，石材的质地主要通过材质的色彩、深浅、形状、纹理等进行绘制，刻画不同特征。在室内空间设计中，石材主要体现在地砖上，下面从花纹、表面质感两个方面进行绘制说明。

1.花纹

石材的花纹大致分为纯色花纹、均匀花纹、不均匀花纹，如图2-20所示。

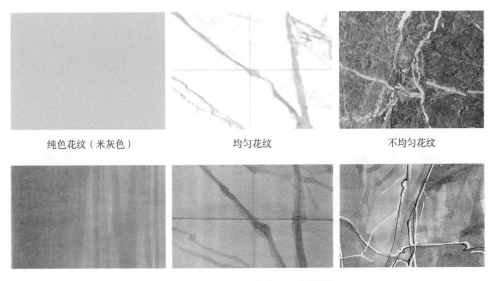

纯色花纹（米灰色）　　　　　均匀花纹　　　　　　　　不均匀花纹

图2-20　石材色彩与肌理　朱柳颖

纯色花纹常见的有珍珠白、奶油黄、米灰色，刻画时平铺，表现面的渐变效果即可。均匀花纹在玻化砖、岩板表面较为明显，如鱼肚白、深啡网、劳伦金等，刻画时平铺底色，待干后用长线、折线适当勾画纹理。不均匀花纹，如人理石地砖，花纹自然，浅色平铺底色，同一支笔调整第二遍并待干后，长折线、自由线刻画纹理，高光笔提亮纹理。

地砖除了表面花纹外，颜色有深浅变化，浅色地砖通透明亮，深色地砖沉稳，有伸缩感。

2.表面质感

地砖表面处理工艺会产生亮光面、哑光面、柔光面等表面视觉效果，如图2-21所示。

亮光面：石材表面光亮如镜，受光照影响明显，光照与环境影响会同步作用，高光区域呈面状分布，反光强。

绘制要点：统一用固有色平铺，注意留白，来体现高光、反光的视觉效果。第二遍用稍重的同类色，待第一遍干后，垂直画线，注意线条的粗细变化，体现亮光面地砖的光感。再用高光笔或白色彩铅提高高光分布的区域。另外，可以根据画面需要，绘制出轻微的环境与本身相互反射效果。

哑光面：石材表面平整，但光度较低，光照影响弱，高光、反光弱。

绘制要点：统一用固有色快速平铺绘制，不需要留白。待干后，同一支笔垂直画线，注意线条的粗细变化，体现哑光面地砖的弱反光。再用高光笔或白色彩铅提高高光分布的区域。

柔光面：石材表面粗犷，凹凸不平，有厚重感，光照影响弱，明暗过渡平顺，高光呈点状、线状、带状分布，反光弱。

绘制要点：统一用固有色平铺绘制，部分重点区域需要细致处理，无须高光、反光处理。

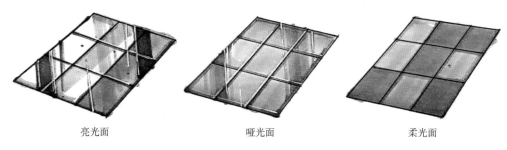

亮光面　　　　　　　　哑光面　　　　　　　　柔光面

图2-21　石材表面质感　朱柳颖

（二）木材

在室内设计中，木材质地温和，亲切自然，运用广泛。木材常见的类型，可以从纹理、色彩特点上分为金丝纹、斑马纹、水波纹和净面，如图2-22所示。

金丝纹：纹路简约，长直线为主，自由流畅，在日式风格中较常用。

绘制要点：底色平铺，同色系重色彩铅绘制纹理，体现表面粗糙的原木质感。

斑马纹：色彩对比较强烈，纹路用自然长线刻画，常用于电视背景墙。

绘制要点：底色平铺，同一支笔细线绘制第二遍，适当留出间隙。待干后，细线（马克笔或者彩铅）绘制第三遍。

水波纹：纹路自然，像水波一样，借助曲线、自由线刻画，中式家具设计中运用较多。

绘制要点：木饰面固有色平铺，刻画表面纹理。待干后，加强纹理深浅。

净面（纯色）：色彩较为丰富，表面光洁，不需要刻画细致的纹理。

绘制要点：马克笔平铺三遍，要在笔触未干时自然衔接，表现出面的变化。

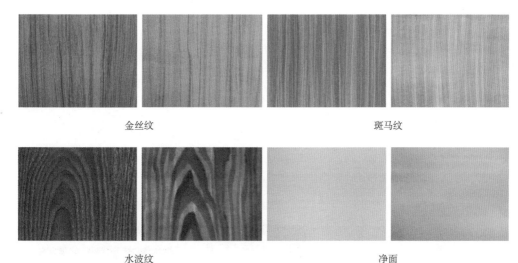

金丝纹　　　　　　　　　　　　　　斑马纹

水波纹　　　　　　　　　　　　　　净面

图2-22　木材色彩与肌理　朱柳颖

（三）玻璃

玻璃材质在室内空间应用广泛，如窗户、茶几、镜子、电视等，大多具有光滑、透明，高光、反光明显，同时易受环境影响的材质特点。玻璃明暗关系对比极弱，前后部分存在颜色叠加关系，背光壁厚，颜色深一些。另外，透明材质聚集的地方因光线难逃逸，颜色也会比较深，如图2-23所示。

玻璃画法：先判断玻璃的固有色，然后用明度较高的浅色马克笔快速平铺第一遍，

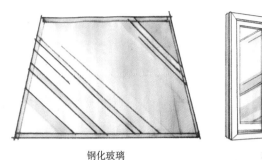

钢化玻璃　　　　　　　　　　玻璃窗户　　　　　　　　　　电视机

图2-23　玻璃色彩与肌理　朱柳颖

注意笔触间距，适当留白。找到玻璃有厚底或者前后有叠加的部分，同一支笔画该部分。待干后，同一支笔或者邻近色稍重一个色号的笔画倾斜45°的线，注意粗细、间距变化。

绘制要点：绘制玻璃时，第一遍一般顺着结构线，用横线或者竖线平铺，线条具有长且直的特点。在刻画玻璃表面光感时，多集中在两个角画倾斜45°的长直线。另外，可以根据玻璃的表现质感，选择两种或者三种颜色，来细致刻画玻璃的表面光感，并用高光笔刻画亮部细节。

（四）金属

金属质地坚硬，具有其他材料没有的特性，在室内装饰设计中，常会使用嵌入的或者凸出的金属线条，以及用在包边收口、边框装饰等地方，来增强整个空间的质感，展现简约、时尚的材质魅力，如图2-24所示。

不锈钢管　　　　　　　　　　金属罐　　　　　　　　　　哑光金属面

图2-24　金属色彩与肌理　朱柳颖

金属画法：确定金属固有色，用浅色平铺，用线利落，运笔过程中不要停顿，注意亮部留白，来体现金属的光感。待干后，同色系重色刻画明暗交界线，强化明暗对比强的材质特点，根据需要，可以用中间色号少量衔接过渡。

绘制要点：金属材质明暗对比强烈，需要用明暗对比强烈的色号进行绘制。材质容易受环境影响，需要适当体现环境，但不宜太多。绘制时，背光部可大面积留白或使用浅色，以模拟明亮的周边环境。

（五）织物

织物质地柔软多样、色彩丰富，在室内空间中起到重要的装饰、调节作用，营造视觉上的韵律感、节奏感，提升空间的文化氛围，如图2-25所示。

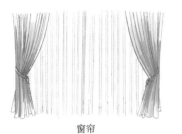  

窗帘　　　　　　　　　桌面　　　　　　　　　抱枕

图2-25　织物色彩与肌理　朱柳颖

织物画法：确定织物的固有色，用亮色平铺，线条舒展，注意织物的内部结构变化。找到明暗交界线和灰面、暗面，进行第二遍调整，用线的疏密、间距需要符合面的黑、灰、白明暗关系。根据需要用同类色稍重的颜色进行暗部调整，亮部根据需要用高光笔提亮。

绘制要点：大部分织物的质地亮部是不需要留白的，第一遍平铺过后，亮部就不需要再着色。织物体块内部存在转折，在用马克笔绘制时，需要明确暗面、灰面、亮面，并用色彩的明暗、笔触的疏密和节奏的变化等进行绘制。

（六）植物

室内绿化装饰以观叶植物为主，植物的枝叶、花卉具有自然色彩，能够使空间更具生机，有美化装饰空间的作用，如图2-26所示。

图2-26　植物色彩与肌理　朱柳颖

植物画法：确定植物的固有色，浅色平铺，注意线条走向根据植物形状、纹理去绘制。根据叶片前后关系、明暗变化，用中间色绘制第二遍。最后刻画纹理，根据需要提高光，表现植物的光泽度。

绘制要点：植物的枝叶、花卉各有不同，需要注意用线的变化。

不同材质特点和绘制技巧如表1-1所示。

表1-1　不同材质的特点和绘制技巧

材质	属性			绘制技巧			
	光滑度	透明度	反光度	明暗	肌理	色彩	光影
樱桃木饰面	光滑	不透明	不反光	反差不大	曲线、自由线纹理	浅黄、中黄、土黄	实影
菠萝面花岗岩	毛面	不透明	不反光	反差不大	均匀表面，点状纹理	浅灰、深灰	实影
钢化玻璃	光滑	半透明	反光	反差大	光洁表面，直线纹理	浅灰	弱影
喷砂不锈钢饰面	一般	不透明	弱反光	反差大	均匀表面，直线纹理	暖灰	实影
丝绒窗帘	光滑	不透明	不反光	反差不大	光滑表面，直线纹理	冷绿	实影
兰花	一般	不透明	不反光	反差不大	曲线、自由线纹理	绿色	实影

· 第三章 ·

透　视

第一节 透视基础

一、透视的起源与发展

"透视"是绘画和设计中的一个术语，指在二维的平面上再现三维物体的基本方法。其最早起源于文艺复兴时期，与西方的思想文化、社会制度有着密切的关系，理论体系形成较早，影响深远。

（一）西方绘画中的透视

考古学家在岩洞的岩面中，发掘出旧石器时代留下来的岩画，出现了浮雕、刻画或彩色绘画，这些是人类文字产生前，原始时代留下的作品。其中，法国拉斯科洞窟壁画的岩画中，犀牛有细微的明暗变化，画面灵活运用了透视法，线条优美，生动形象（图3-1）。

公元前1世纪，古罗马建筑师维特鲁威（Vitruvius）所著《建筑十书》中提到，公元前5世纪，雅典画家阿嘎塔尔库斯（Agatharcos）运用凹凸等表现手段，将远近不同的建筑物真实地进行表现，是最早运用透视原理进行绘画的范例。

14世纪，意大利文艺复兴时期画家乔托（Giotto）创作的壁画《逃往埃及》中，画面背景中的山峦近实远虚，应用了写实的技巧与透视的方法（图3-2）。意大利建筑师布鲁内莱斯基（Brunelleschi）在研究古典建筑物透视时，利用数学得出线性透视公式：各线条后退会聚于一点之上。❶这里提到的"聚于一点"，进一步推进了透视的

图3-1 法国拉斯科岩洞壁画《牛和马》

图3-2 《逃往埃及》

❶ 萨拉·柯耐尔. 西方美术风格演变史［M］. 欧阳英，樊小明，译. 杭州：中国美术学院出版社，2008：77.

发展，它便是后来绘画透视中的专业词汇"灭点"。1485年，意大利画家弗兰切斯卡（Francesca）所写的《论绘画中的透视》一书，系统地研究透视学。后来，意大利著名的画家、建筑师达·芬奇（Leonardo da Vinci）在创作实践中，写出了许多透视方面的理论文章，阐述了绘画中的形体透视、色彩透视和隐没透视的规律。线透视是达·芬奇研究的焦点，即利用光线沿着直线进行的基本原理，产生物体愈远显得愈小的透视学，并运用在绘画上，至今有600多年的历史。

德国中世纪末期、文艺复兴时期著名的油画家、版画家和艺术理论家阿尔布雷特·丢勒（Albrecht Durer）利用"透视窗"，对线透视学及其画法做了更深入的研究。他的几何学著作《量度四书》，讨论了通过直线透视法描绘立方体的方法，形象地展示了透视方法的基本原理。

17世纪，法国建筑师、数学家沙葛（Shage）最先在数学领域研究透视理论，他所写的《透视学》制定了几何形体透视投影的法则，使透视学从"线性透视"的平行透视扩大到成角透视。18世纪，英国数学家泰勒（Taylor）出版《论线透视》，在透视学发展史上具有划时代的意义。

19世纪开始，西方绘画上各种流派兴起，透视增加了时间维度、心理学、生物学等观念，人的主观意识更强，拓展了绘画的表现内容和形式。例如，印象主义不再过分追求线性透视的准确性，强调色彩透视的重要性；立体主义在绘画中加入了时间的维度，结构对象本质；未来主义则呈现出运动美。

（二）中国绘画中的透视

我国传统绘画追求意境，体现画家对物象内在精神和气质的描绘，讲究画面的神情气韵，与中国传统文化思想"天人合一"相统一，追求画面的宏观性、统一性和意象性。中国最早的关于透视观念的文献，可以从《荀子·解蔽》中了解到"近大远小"的表述。《庄子·人间世》中记载："唯道集虚，虚者，心斋也。"庄子的这种"虚、静、明"的审美观念，对我国的美学和艺术发展有着重要的影响作用。这种"虚"指的就是我国传统绘画中的"布白"，即画面中不施任何笔墨的留白。这样的处理手法，一方面可以较好地突出画面的主体形象，另一方面能够使画面具有独特的意境，产生画中有画的意象空间。

我国传统绘画中，无论是山水画、人物画，还是花鸟画，画中的景物时空不同，观察角度也不固定，是多方位组合而成的散点透视。例如，五代十国时期的南唐人物画家顾闳中的《韩熙载夜宴图》（图3-3），北宋画家张择端的风俗画《清明上河图》（图3-4），北宋画家王希孟描绘自然风光的画作《千里江山图》，都是运用散点透视的绘画形式，将空间与时间相协调，描绘出移动点所看到的多角度景物的组合，画面

图3-3 《韩熙载夜宴图》(局部)

和谐统一。

南齐谢赫在《画品》一书中提出"六法",即气韵生动、骨法用笔、应物象形、随类赋彩、经营位置、传移模写,是对当时绘画创作经验和理论的总结。其中,应物象形就是要准确表达出描绘对象的形状。唐代画家王维在《山水诀》中,提出山水画中各种物象的比例尺度透视关系。北宋画家郭熙提出观察物象取景的"三远法",即"高远""深远""平远"的散点透视法,后经北宋画家韩拙补充,从观察

图3-4 《清明上河图》(局部)

者的心理情感变化和气候对视觉影响角度进行论述,提出了"阔远""迷远""幽远"。同时期,北宋科学家沈括在《梦溪笔谈》中提出"以大观小",注重从整体上把握画面,忽略细枝末节。

中国绘画没有把透视作为一门独立的学科,系统严谨地进行分析,只是归纳形成了一些绘画的透视法则。虽然法则各有不同,但在对待视点上,都有多视点、动态视点、意象表达的散点透视观念。

（三）中外透视对比

西方透视：集中体现在焦点透视理论的形成与发展，画面为单点视域中心，崇尚单一视点的写实性，空间形体表现出堆叠、消失的视觉效果，有近距离观察的集中现实感。

西方绘画采用平行透视式构图取景，具有较好的对称感，画面庄重、安静。另一种西方绘画中较为普遍的构图形式为成角透视式构图取景，多用在室内物体的描绘上。

中国透视：画面呈鸟瞰之势，有着以大观小、以远观近、以上观下的视觉效果，画面视点不固定，视域中心多为散点并随视点移动，赋予画面登高望远的流动延绵和壮丽气势。

中国绘画构图主要体现在山水画中，采用俯瞰的方式，构图视域开阔，不拘泥于一个视点，超越时空的限制，带有明显的主观想象。构图和谐统一，疏密有致，节奏变化有序，符合中国长卷式绘画要求，呈现出空间宽广的大场景画幅形式。

二、室内空间透视

透视一词来源于拉丁文 "Perspclre"（看透），故有人解释为"透而视之"。透视图，就是将看到的或设想的物体、人物等，依照透视规律在某个媒介上表现出来，是绘画和其他造型艺术的专用术语。❶

关于透视的术语有很多，参照《绘画透视　设计透视——透视学》❷一书，将部分概念进行列举：

视点 E（Eye Point）——视者眼睛所在的位置。

立点 S（Standing Point）——视点在基面上的垂直落点，即视者站立的位置。

视高 H（Visual Height）——立点到视点的垂直距离。

视平线 HL（Horizon Line）——与视者眼睛等高的一条水平线，平视时，视平线与地平线重叠。

视线 SL（Sight Line）——视点到物体上各个部位的假想连线。

视域 VT（Visual Threshold）——视者眼睛所能看到的空间范围。

灭点 V（Vanishing Point）——不平行于画面的直线，无限远的投影点。

值得注意的是，绘画透视需要具备视点、物象、画面三个要素。视点是透视现象产生的主观因素，即绘画时眼睛的位置；物象是透视产生的客观存在，即绘画的对象；画

---

❶ 殷关宇.透视［M］.杭州：中国美术学院出版社，1999：16.
❷ 刘广滨.绘画透视　设计透视——透视学［M］.南宁：广西美术出版社，2010：5-7.

面是透视现象形成的载体，即画者与物象之间呈现出来的位置。

（一）一点透视

一点透视作为室内空间绘画中最常见的透视方法之一，主要特点在于所绘的主要物体都会有一组相对应的面与画面保持平行，不发生透视变化。所以，一点透视也称正面透视。

1.特点分析

室内空间及空间内的家具、物品，都可以被看作正方体块或者长方体块，然后进行体块塑造。每一个体块展开后都有6个面，可以按照两两对应，把正方体块分为3组，如图3-5所示。

三组面：正面、背面（红色），顶面、底面（蓝色），左侧面、右侧面（绿色）。

其中，体块正面正对画面，这个面的4条边，如图3-5所示，保持与画面平行的蓝色边或者垂直的红色边，称为原线。由正面4个端点向灭点引线，形成体块的一点透视，而这4条向灭点汇聚的线称为变线。

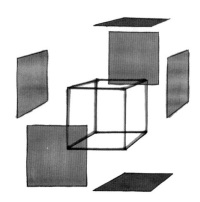

图3-5　一点透视体块透视拆分图
朱柳颖

2.画法步骤

一点透视的画法具有要领明确、操作简单、容易掌握的特点，画法步骤如下。

（1）确定灭点V。

（2）判断物体相较于灭点所处的位置，大致分为9种，如图3-6所示。

（3）确定物体两组原线组成的面，即正对视者的面，并按照该面的长、宽比例进行绘制。

（4）从正对面的4个端点向灭点引线。

（5）按照比例关系，确定变线上的边所在的位置，并保持方向横平竖直。

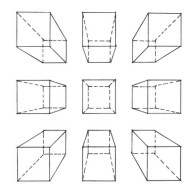

图3-6　一点透视图　朱柳颖

3.画法概括

一点透视的特点是一个面正对画面，所以需要观察并确定这个面的长、宽比例，然后先画这个面。再进一步观察灭点在哪里，按照变化特点补齐体块的其他面。

（1）灭点——有且只有一个，随着视点移动，会有高低变化。

（2）正面——组成面的两组尺寸不发生透视变化，且两组对应线保持与画面平行或者垂直。

（3）一点透视存在9种透视变化。

一点透视简单体块训练初期，首先需要建立第一时间去找"正画"的意识，这是尤为重要的。

4.练习

运用一点透视，将组合体块、穿插体块、框体3种体块进行9种透视的深入练习，如图3-7所示，注意每种体块特点和对应面的变化规律。

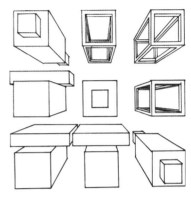

图3-7 一点透视形体变化图 朱柳颖

（二）两点透视

1.特点分析

室内空间两点透视，依然借助正方体来举例说明绘制过程，需要注意变化特点。在塑造两点透视的正方体块时，按照线的变化特征，同样分为3组，如图3-8所示。

三组线：竖线（与画面垂直的红色边）原线，纵深线（延伸向灭点1的蓝色边）变线，纵深线（延伸向灭点2的绿色边）变线。

2.画法步骤

两点透视的画法如下：

（1）画出视平线，确定2个灭点。

（2）找到物体正对画面的那一条边。

（3）从边的2个端点向灭点引出变线，变线的消失方向保持一致，且在一条视平线上。

（4）补齐体块的其他原线，完成体块，如图3-9所示。

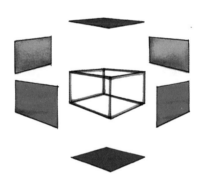

图3-8 两点透视体块透视拆分图
朱柳颖

3.画法概括

两点透视的特点是一条边正对画面，所以需要观察并确定这条边的位置，然后在画面中确定下来，再由边的端点向灭点引线，补齐体块的其他面。

（1）确定同一视平线上的2个灭点。

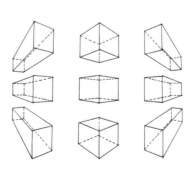

图3-9 两点透视图 朱柳颖

（2）找到正对画面的线。

（3）线的2个端点向灭点连线。

（4）形成9种两点透视变化图。

4.练习

借助体块的切割、叠加、贯穿等变化，进行两点透视练习，掌握对应面的变化规律，如图3-10所示，注意每种体块特点和对应面的9种变化规律。

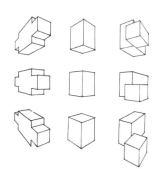

图3-10　两点透视形体变化图
朱柳颖

第二节　光影与明暗

室内空间的光源主要包含自然采光和人工照明两种，满足室内空间环境白天与夜晚的照明需要。

自然采光和人工照明两种光源的照射角度，会对空间中物体的明暗、投影产生作用。

一、自然采光

室内空间自然采光的取光途径通常是窗户，窗户的位置、大小、方向等因素都会影响室内空间中物体的受光面，并产生相应的明暗变化。其中，最主要的因素是不同的开窗位置，如墙面开窗，或者天窗的开窗形式。室内空间的客厅，墙面窗户的离地高度常见的有900mm、600mm，或者是离地200mm的落地窗。窗户常见的尺寸为1500mm左右。在一天当中，阳光的照射角度随时间变化，下面模拟45°、60°两种照射角度的光源进行透视特点分析（图3-11）。室内天窗的开窗形式相对简单，产生的明暗和投影变化特点接近人工光源。

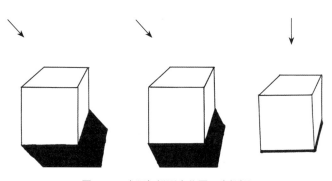

图3-11　光照与投影变化图　朱柳颖

室内空间环境在45°或60°两种自然光源的照射下，体块投影差异明显。在设定室内空间只有自然光源的情况下，90°照射角度内，角度越小，体块的投影越长，为了使塑造的画面好看，大多数情况下选择60°的光源条件。

值得注意的是，投影的大小、形状，受光源和自身造型等因素影响，需要认真刻画。在室内空间采用自然采光的情况下，如果采用天窗顶光，室内空间体块的亮面会出现在顶面，灰面则出现在侧面，背光面为暗面。如果是侧面开窗，室内空间体块的亮面也定为顶面，侧面处理成灰面，背光面为暗面。

二、人工照明

室内空间人工照明的取光途径，通常是顶灯、壁灯、落地灯、台灯等形式。顶灯一般作为普通照明，而壁灯、台灯、落地灯作为重点照明或者装饰照明。所以，将重点分析顶灯照明对室内空间环境中体块产生的影响。

顶灯照明时，光线近乎90°的照射，形成投影在体块的正下面。需要注意的是，投影的形状会受体块自身造型影响，要根据造型特点进行绘制。另外，投影紧贴体块，不要画得太大。

值得注意的是，当室内空间采用顶灯照明时，室内空间体块的亮面会出现在顶面，侧面处理成灰面，背光面为暗面。

第三节 透视与构图

室内居住空间高度约3m，为了将空间环境中的陈设家具等表达充分，需要通过观察确定展现物体的最佳观察位置、角度、视点。

一、视点高低

室内居住空间的正常视点形成的画面，就是我们在日常生活中用眼睛观察环境时所看到的画面。视点的高低会对画面产生影响，下面用一点透视的画法模拟视点为1m、1.5m、2m三个高度，来观察空间的画面变化（图3-12）。

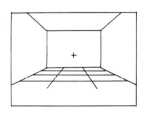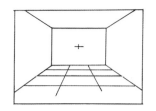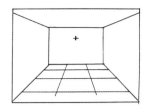

图3-12　低视点、正常视点、高视点　朱柳颖

当视点较低时，画面下半部分空间物体较大，细节比较突出，会使画面空间比较高。此时的画面需要顶部和墙面的绘画来弥补，避免画面空旷。

当视点居中时，画面符合正常视角，观感比较舒适，此时的画面重点相对平均。

当视点较高时，会给人以空间比较松散的感觉，此时的画面重点在地面。

二、空间进深

室内居住空间的平面有大小差异，这种差异在画面中会有一定的变化。如图3-13所示，用一点透视画法模拟空间进深大小的三种情况。

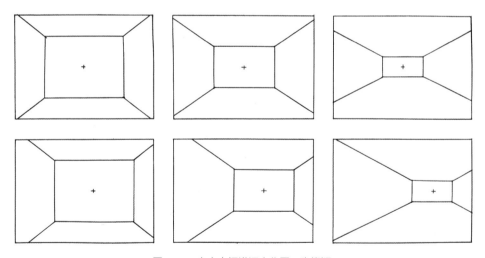

图3-13　室内空间进深变化图　朱柳颖

当内框与外框大小接近时，表明空间进深较小。这时，画面的物体尽量少一些，视觉焦点，即刻画的重点在正对画面的内框上。

当内框与外框大小悬殊时，表明空间进深比较大，画面中需要刻画的物体会比较多，此时刻画的重点在视线聚焦的方向，即地面或者墙面上。

· 第四章 ·

室内单体表现

室内单体是构成室内设计的基本元素之一，在设计中针对室内空间的整体风格来选择与其搭配的家具组合，是完善室内设计的重要因素。单体手绘设计表现是家具设计最重要的环节之一，能为表现整个室内空间打下良好基础。同时单体表现技法的练习也能较好地提高造型能力。

在进行整体空间绘制前，首先对单体家具分别进行练习，掌握各种风格和形态的家具的画法，然后逐渐加大难度，才能更好地学习后期的组合和空间表现。

室内单体常见的有沙发、柜子、茶几、家电、抱枕、饰品等，通过单体的表现手法，可以把室内单体分为硬质类单体和软质类单体。凡是线条比较平直、硬朗的，都可以归类于硬质类单体。硬质类单体内部一般都有硬质结构支撑，例如，钢架或者木质骨架。室内单体常见的硬质类单体有沙发、床、茶几、床头柜、卫浴等。凡是线条比较柔软、有流线效果的，都可以归类于软质类单体。室内单体常见的软质类单体有靠垫、花卉、窗帘等。

第一节　室内单体的透视与形态结构

一、单体的透视表现

（一）一点透视原理应用于室内单体

室内一点透视分为单体和组合两种透视现象。

单体透视，即在室内空间中，由一件件家具对空间进行填充，需要把这些家具单体放进体块概念中进行塑造，这样有利于家具单体透视变化，符合视觉规律特征。当运用一点透视处理单体透视时，依然需要首先判断出单体正对画面的那个面，然后分析出灭点的位置，并从正对画面的那个面的四个角出发向灭点引线，逐步完善单体形态。

组合透视，即在室内空间中，存在很多单体，其相互之间呈现前后、左右或者上下及包裹的位置关系。在绘画过程中，需要从画面最前端的单体画起，依然需要先画这个单体正对画面的面，然后根据位置的前后关系，依次找到后面单体中每个单体正对画面的面，最后向灭点引线，将组合形体刻画完整（图4-1）。

值得注意的是，一点透视的物体更有透视感、庄严感。但是一点透视变形方向比较单一，且与人们日常观察的影像相差较大，因而画面比较单调，容易产生呆滞感。

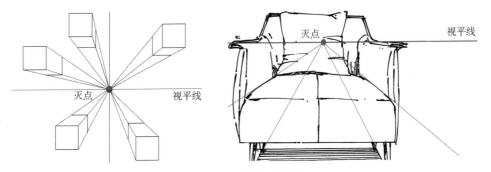

图4-1　一点透视　贾园园

（二）两点透视原理应用于室内单体

物体平行于视平线的纵向延伸线，按不同方向分别汇集于两个灭点物体，最前面的两个面形成的夹角离观察点最近，这样的透视关系叫两点透视，也叫成角透视。两点透视由于在透视的结构中有两个灭点，因此得名。成角透视是指观者不是从正面来观察目标物，而是从一个斜角进行观察。

当运用两点透视处理单体家具的透视时，需要先将单体家具看成体块，然后判断出单体正对画面的那条边，再确定2个灭点的位置，并从边的2个端点出发向灭点引线，逐步完善单体形态（图4-2）。

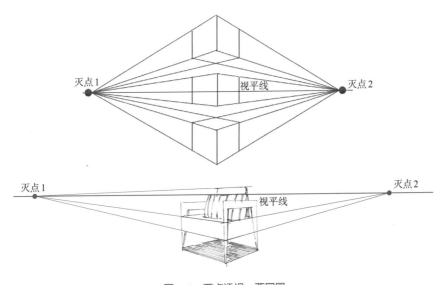

图4-2　两点透视　贾园园

两点透视能让物体看起来更活泼、自然。但两点透视画法比较难，对构图的要求也高，绘制不好容易造成反透视，以及画面局部变形过大，使画面看起来比较别扭。

另外，三点透视即画面形成三个灭点，三个方向同时产生变形。三点透视最接近人们日常的观察情况，画面非常生动、逼真。然而，三点透视画起来非常麻烦、复杂，因而应用得较少，只有在部分建筑设计及城市设计中用到。

在室内设计手绘表现中，从不同角度看家具，呈现的效果也会不同（图4-3）。透视角度、视点高低的变化，会使家具产生丰富的变化，画者针对不同的表现对象和画面需要，选择不同的透视角度和比例。

图4-3　不同透视角度的表现　贾园园

二、造型的基本要素

（一）点

点是构成形态的最基本的单位。单一的点是视觉的中心，起到凝固视线的作用。在几何学里，点只表示某一位置，而无形状和面积。在平面构成设计中，点是以形象存在的。也就是说，无论点的大小，它都会有自己的形象，如图4-4所示。

图4-4　点的不同形象表现　贾园园

在室内设计的家具造型中，点的应用非常广泛，它不仅是功能结构的需要，而且是装饰构成的一部分。点的应用使家具更加艺术化，丰富了视觉效果与艺术造型，如柜门、抽屉上的拉手、门把手、锁等，以及家具的装饰配件等。在家具造型设计中，可以借助"点"的各种表现特征，加以适当的运用，能取得很好的效果，如图4-5所示，这些传统器具纹样，都可适用于家具设计中"点"的装饰配件。

图4-5　不同装饰图形的表现　贾园园

（二）线

在室内设计的家具造型中，线的形态运用到处可见（图4-6）。从家具的整体造型到家具的部件结构；从部件之间缝隙形成的线到装饰的图案线，线都起着至关重要的作用。线的表现形态随长度、粗细和运动状态而定，不同形态的线在人的视觉心理上产生不同的心理感受。因此，由不同的线构成的家具，常常给人们留下不同的视觉印象和心理感受。例如，曲线表现出一种动态、活泼、轻快的意味，显示出女性美的特征，洛可可式家具设计中运用了纤细的结构、柔曲的腿部造型，从而创造了一种女性化的审美感。

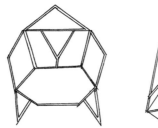

图4-6　线的单体表现　贾园园

（三）面

在室内家具单体造型设计中，由轮廓线包围且比点感觉更大，比线感觉更宽的形象称为面，面不仅有薄厚，而且有大小。由此可见，点、线、面之间没有绝对的界限，点扩大即为面，线加宽可成面，线旋转、移动、摆动等均可成为面。

在室内家具造型中，面可分为平面和曲面两类，所有的面在造型中均表现为不同的形，如图4-7所示。

平面有垂直面、水平面与斜面，曲面有几何曲面与自由曲面。在室内设计的家具造型中，常用面的特征如下：正方形家具具有严肃、大方、静止的感觉，同时又缺少变化，略显单一、呆板；圆形的家具充实、饱满，同时具有灵活的运动感；长方形变化很

图4-7 面的单体表现 贾园园

多，是在家具设计中应用最广的形状，如长边处于水平位置，给人稳定、静止、深沉之感，若长边处于垂直位置，给人以挺拔、崇高、庄严之感；三角形的家具设计应用令人感觉轻松、活泼而富有生气，因此常常将三角形应用于一些富于变化的家具造型；椭圆形家具流畅、圆润，具有柔和秀丽的女性特征，它的斜率变化无穷，给人留下缓急变化的印象，在家具设计中合理运用椭圆能产生一种流畅、文雅的感觉；不规则形家具是根据人的思维进行提炼概括的，能把人的感情表现出来，它给人以活泼、大胆、个性的感受，会使家具形象丰富、多变、性格突出且具有创新性。

（四）体

体是通过面的移动、堆积、旋转而构成的三维空间内的抽象概念。造型设计中的体有实体和虚体之分，实体可以理解为面，具有一定厚度或空间被某种材料填充而有一定体量的实形体；虚体是相对实体而言的，它是指通过点、线、面的合围而形成一定独立空间的虚形体。实体给人以稳固、重量、封固、围合性强的感受，虚体使人感到轻快、通透、空灵而具透明感。在室内家具设计中要充分注意体块的虚、实处理。

"体"有几何体和非几何体两大类。几何体包括长方体、正方体、圆柱体、圆锥体、三棱锥体、球体等形态。非几何体一般指一切不规则的形体。

另外，很多室内家具在造型设计中，除了点、线、面、体的构成应用，更多的是综合形态的应用，即几种形态的结合使用。因此，在绘画时抓住主要的形体进行形态的变形，就能较快且准确地把握室内单体的形体特征，如图4-8所示。

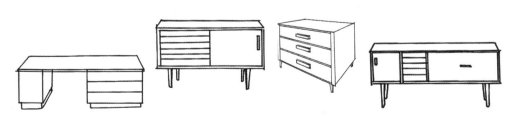

图4-8 体的单体表现 贾园园

三、单体的形态特征

任何复杂的室内单体家具形态，都是由简单的基本形体通过一定规律和手法变化、组合而成的。如室内沙发和椅子单体在实际表现中更多的是体块的组织，对体块透视掌握极为重要。在透视把握准确的基础上，用丰富的线条和明暗光影营造画面，体块的切割与叠加能更好地表现家具形体特点，如图4-9~图4-11所示。

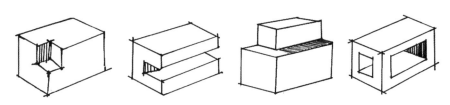

图4-9 体块形态的构成 贾园园

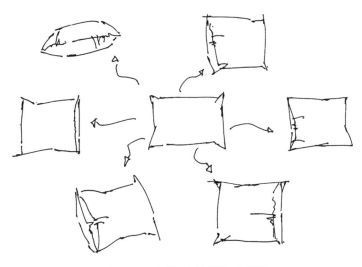

图4-10 布艺形态的变形 贾园园

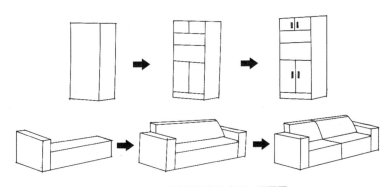

图4-11 硬质家具形态的变形 贾园园

通常，室内单体形体的构成方式大体有三种，一是基本形体自身的变化，二是基本形体之间相对关系的变化，三是多元基本形体组合方式的变化。从宏观上看，后两种构成方式可以看成两个或多个基本形体的积聚。

基本形体的转变主要有转换、积聚、切割和变异等四种。其他的手法都是以这四种为基础进一步发展变化得来的，如单元组合、穿插、错位、网格等手法的本质是积聚，分裂、收缩、断裂等手法属于切割的范畴，膨胀、旋转、扭曲、倾斜等是基本形体变异的手段。

室内家具并不是简单地运用某一种处理手法，而是综合使用多种方法对家具形体进行处理，创造出千变万化的单体形态。

（一）转换

转换指从角度、方向、量度、虚实等方面对建筑形态进行转换，不是实质性的变化，如图4-12所示。

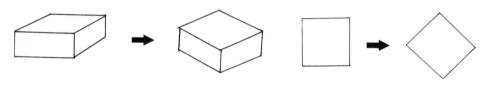

图4-12　形态的转换　贾园园

室内家具的转换应用，即室内单体家具角度的摆放，以及不同透视角度的展现。

（二）积聚

积聚是在基本形体上增加某些附加形体，或多个形体进行堆积、组合而形成新的形体，使整体充实和丰富，是一种加法操作，如图4-13所示。

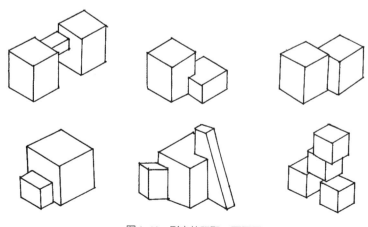

图4-13　形态的积聚　贾园园

在室内单体形态表现中的积聚，主要包括单体的叠加、贯穿、包裹等形式。

1. 叠加

在绘制室内家具沙发之前，可以先把沙发归纳成几何形态，通过这种形态来了解沙发的特点。通过对图4-14观察可以发现，沙发的形体是由4个"方盒子"叠加组合而成。通过这种叠加进行形体改变，绘制沙发单体。在绘制过程中一定要注意每个几何形体的透视关系和比例，然后进行稍加变形来绘制沙发。

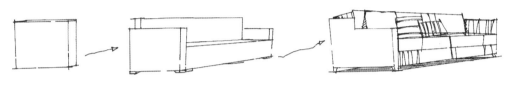

图4-14 沙发叠加演变 贾园园

2. 贯穿

室内一些单体形态通过贯穿的形式加以绘制。如图4-15所示，单体灯具通过2个"方盒子"贯穿组合而成。在绘制中，同样需要注意这几个"盒子"的透视关系和比例，以展现灯具的形态。还有吊灯、休闲长椅都可以通过贯穿的形式进行绘制。

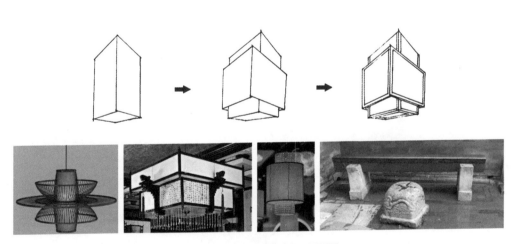

图4-15 灯具的贯穿演变 贾园园

3. 包裹

积聚还包含包裹的形式。图4-16中的柜体由2个形体互相包裹而成，这种形态的单体要注意形体之间包裹的关系尺度以及透视。在室内中以包裹的形式出现的单体有很多，电视柜、茶几等都是以包裹的形式展现的。

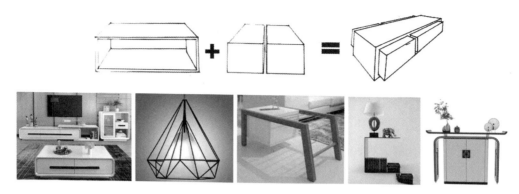

图4-16 柜体包裹演变 贾园园

（三）切割

切割是把整体形态分割成数个小的形体，是一种减法操作，如图4-17所示。

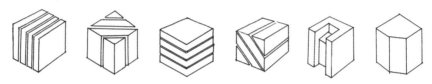

图4-17 形态的切割 贾园园

在室内单体中，可以通过切割的手法绘制单体。如带扶手的沙发共有坐垫、靠背、扶手三部分，将沙发坐垫与扶手看作一个方体、一个方盒子，通过切割来进行形体改变，绘制沙发单体，如图4-18所示。

图4-18 体块切割演变 贾园园

（四）变异

变异可理解为非常规的变化，对基本形态的线、面、体进行卷曲、扭曲、旋转、折叠、挤压、膨胀、收缩等各种操作，使形态发生变化，在视觉上产生紧张感。形体的变异使传统的几何形体弱化或消解，自由和有机的形体使形态表现出弹性、塑性和张力，多维、流动、不定型，单一的几何形态转变为以变量为主导的不定形态。形体像富有弹性的胶一样，受到外力或内力扭动、推拉、伸张或挤压时，会产生不同的变形；也能够像充气或抽气一样，进行膨胀和收缩，得到变化的形体（图4-19、图4-20）。

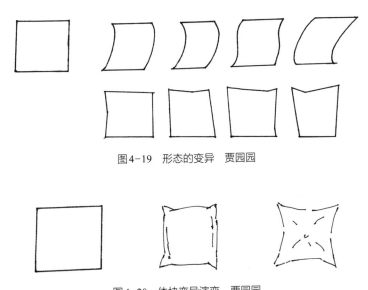

图4-19　形态的变异　贾园园

图4-20　体块变异演变　贾园园

第二节　室内单体详解

一、硬质单体材质表现

（一）材质要素

室内家具单体材质由多方面要素综合构成，表现出色彩、纹理、光泽度三个方面的特征。

1.色彩

材质的色彩是物体本身与环境的综合反映，由光色、环境色、固有色三个方面构成。

光色是指灯光的颜色，它会与物体本身的颜色进行混合，对物体外在的颜色产生影响。在手绘设计中，为了简化表现，通常不考虑灯光的颜色，将灯光颜色默认为白色。

环境色是指家具所处环境的色彩状况，是在光照条件下，环境对物体的反射而形成的，也就是环境反光。通常情况下，环境色只影响物体的阴影部分，不会对受光部分产生影响，表现时，会在物体反光部分添加周围环境色。

室内家具单体固有色是其本身的色彩，受光照和环境反射的影响。物体在受光的情况下，随着光照角度的变化，物体本身颜色也在发生改变。当照射角度为45°时，物体颜色表现为固有色。随着光照角度变大，物体的颜色变亮，直至出现高光点，表现为光色。反之，光照角度减小，物体颜色变暗，直至角度为0时，颜色开始转变为阴影。在阴影部分，物体的颜色还受到环境色反射的影响，略带少量的环境色。因此，在室内手绘表现时，家具的颜色在高光色、本色、暗色之间渐变。

2.纹理

纹理是指室内家具单体材料表面的纹样、肌理。材料的纹理取决于材料自身的特点以及加工方式。有些材料的纹理比较复杂，有些则很简单。相同的材料在不同的加工方式下，其表面的纹理也不一样，木材在不同的切削方式下，可呈现出不同的纹理。

3.光泽度

室内家具单体光泽度是表面平整度的反映，是材料表面感光强弱的表现。表面平整的材料表现出较强的光反射，容易形成高光点或高光面，色彩的反差大，同时对周围环境的反射也很清晰，如不锈钢、油漆木材、抛光石材等。反之，表面越粗糙，越容易在表面形成漫反射，表面没有高光点或面，色彩比较柔和，不会对周围环境进行反射，如磨砂玻璃、布料、磨砂金属等。

在手绘表现中，光泽度越高的材料，表面越容易形成高光，且色彩变化大；光泽度越高，对环境的反射越清晰。

室内的任何物体和空间表面都是由一定的材料构成的，无论是光滑、坚硬还是粗糙、柔软，它们的存在及相互间的搭配组合都会让室内呈现出不同的视觉效果，是室内手绘面塑造的重要环节。正确地表达出空间内的各部分材料及质感，是室内手绘表现的基本要求。质感是指材料的一系列外部特征，包括色泽、肌理、表面工艺处理等，材料本身对光的反射效果，不同的反射效果产生不同的质感。质感的表现关键在于对材料表面的光反射程度的描绘。玻璃、金属或是抛光的石材对光线的反射能力较强，会形成一定的镜面效果并容易产生高光，在刻画时需注意表现出较为明显的反射效果。木材、墙面漆等材料对光线的反射较弱，刻画时略带光影反射的表现即可。砖、织物和壁纸一类材质对光线的反射能力很弱，表现中无须刻意强调反光和明暗反差。抓准了材料在受光时表现出的不同特性，质感刻画的问题也就迎刃而解了。

室内材质受光后的变化分为三类。

透明：光照射到物体上，不发生任何变化，基本全部通过，如透明玻璃等。绘制此类物体的质感时，要附上物体后面的背景，并且背景色彩要比真实场景略重，再画上表示反光的斜影即可。

反射：光束遇到物体后，不通过、不吸收，只是改变了方向，原封不动地直接反射过出去，如镜面、不锈钢。

反射率百分百指质感较弱，在表现时可以展现画面比较虚的倒影，同时在展现笔触时一定要轻松、软，如水面。

反光率并非百分百指除画出本身的色泽和倒影外，还需要画出材质固有的花纹，如油漆后的木制品。

扩散：物体表面粗糙，光线经过漫反射向四周均匀扩散，如未刨光的木制品、纺织物等。画此类物体时，要注意其明暗变化幅度较小，固有色较多，环境色较弱。

因此，在室内单体表现中，首先学习的是单体材质的表现。每一种材料都有其自身独特的属性，如玻璃的透明、反光，石材的沉重、坚硬，布料的柔软、飘逸，木材的天然、有机，等等。室内设计手绘要反映真实性的特点，就必须按照物体本身的属性来绘制，塑造出各种不同材料的质感，使室内手绘表现的表达更深入、艺术感染力更强，以下是一些常见的硬质单体。

（二）单体材质

1.木材

木材在室内设计中的运用较广，给人以亲近之感，室内木材装饰包括原木和仿木质装饰，如与黑胡桃同类的木材，其色泽和纹理也不尽相同，有的黑褐色，木纹呈波浪卷曲；有的如虎纹，色泽鲜明。

木材纹理的表现可以在线稿阶段刻画，不能仅以墨线表现，还要以点绘或勾线方式区分。然后着色调整，也可以用马克笔和彩色铅笔直接绘制，在绘制时应根据不同种类的木材特点选择相应的手法进行表现。

未刨光的原木，反光性较差，多纹理；刨光的木材，反光性较强，固有色较多，有倒影效果。

绘画难点：在木材绘制时，色彩搭配需要围绕材质固有色进行配色。黑、白、灰三大明暗关系中，中间灰色部分最能体现材质的固有色，可以借助马克笔与彩色铅笔结合绘制纹理特点。亮部颜色明度高一些，暗部笔触平铺推出明暗关系，弱化环境色。纹理用线以曲线和自由线相结合，模仿自然生长的纹理。木材材质表现如图4-21所示。

图4-21 木材材质表现 贾园园

2.金属

金属装饰在室内设计中应用比较广，如不锈钢、铜板、铝板等，能丰富材料视觉效果、烘托室内时尚气氛。

高反光金属，仅在入射光与反射光之间的区域显示固有的色泽，其余部分与镜面材质一样都能反射环境光影；亚光金属，对环境光影的反应要迟钝些，色泽的明度对比较高反光金属要平缓得多。因此，不同的金属表现形式各有不同。例如，相对于高反光金属而言，亚光金属及钨铁对环境光影的敏感度要低得多，只要表现出其正常的明度层次即可。

总体来说，金属材质特点为反光性强，明暗对比强烈，有一定倒影效果，并且材质坚硬。

绘画难点：金属材质明暗对比强烈、笔触根据形体走势干净利落，以直线运笔最为常见，环境光的面积不要画太多。金属材质表现如图4-22所示。

图4-22 金属材质表现 贾园园

3.石材

大理石、花岗岩、砖类在室内设计中常作为地面材质被大量使用，在手绘表现时要注意有轻微的反光，投射环境色，并且要注意花纹、纹理的表现。

石材坚硬、冰冷，如抛光石材的表现在室内空间中的应用有很多，特别是一些墙面装饰和地面铺装。石材表面光洁度不同，抛光石材质地坚韧，带有自然的纹理，表面光滑，可以映射周边光影。地面的抛光石材，除了自身的纹理外，还因表面光滑，而具有反射周围环境形、光、色等属性，反射程度与光滑程度成正比关系。一般选用冷色系来表现，用笔力度强硬，可前重后轻。绘制纹理时，可用针管笔、彩铅等进行细节的刻画。

对于砖墙的表现，在表现砖墙底色时，不可涂抹得太平均，要有意保留部分光影笔触凹凸点，再勾勒砖块的亮线和暗线，以强调体块效果。在底色上，用小碎点表现砖块材质，是手绘表现中常用的手法。

未刨光的自然石材，特点为漫反射，无倒影效果；刨光的理石等石材，具有一定的花纹，反光性强，有倒影效果。

绘画难点：石材常用浅色平铺底色，然后调整明暗，再找到画面视觉中心刻画纹理，可以搭配马克笔、彩铅、高光笔一起使用，线条以长线和折线结合为主，表现出石材硬朗的质感。大面积绘制自然石材，易出现"碎"的效果，绘画时应注意近实远虚的绘画关系、细节花纹的刻画和光影效果的笔触运用。石材材质表现如图4-23所示。

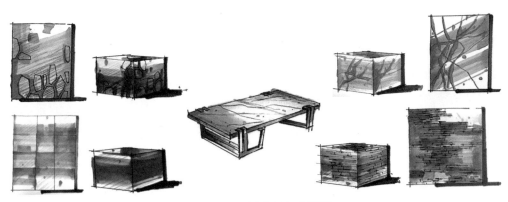

图4-23　石材材质表现　贾园园

4.玻璃、镜子

室内玻璃的运用常表现为玻璃砖、玻璃幕墙、白玻璃和镜面玻璃等，玻璃不仅有透光、映照周围场景的作用，也起到装饰的作用。

玻璃与镜子同属于反光性强、质感较硬的物质。区分玻璃与镜子的关键在于是反射周围景物，还是映射里侧场景。由于玻璃是透明材料，透过它可以看见后面的景象，其反光区域还可以反射周边环境的形、光、色等因素，在室内设计手绘表现中有一定的难度。但如果表现得当，会为图面效果增色不少。例如，有色玻璃的层次，明显要比一般环境层富有自身的色彩特点。在正常情况下，玻璃的表现与周边环境一同绘制，只是在高光和反光部分要明显表现出其自身的材质属性。

镜面同属于玻璃类材料，但不透光且反光强烈。在室内设计手绘表现时，可以利用其材料的特点来反映周边光影，进行环境空间的塑造。例如，深色的蓝镜反映出对面墙体的空间结构，由于自身固有色的影响，绘制时要把色调控制在蓝灰色调的范围内。因此，镜面的表现主要依赖于环境，直接把周边环境的形、光、色等因素表现出来即可（图4-24）。

绘画难点：玻璃、镜子材质需要运用45°斜线和直线结合的笔触运笔，一般选用明度较高的颜色，体现材质透明、光滑的质感。

图4-24　镜面材质表现　贾园园

5. 皮革表现

皮革材料密致、有光泽，其光亮程度介于抛光石材与布艺之间。在手绘表现时，可根据造型结构的松紧程度用笔，恰当地表现出其质感。同时，要注意，相较于布料，皮革对光的反应要敏感些，因此在绘制时可以有意识地强调其反光效果。

在绘制室内单体皮革的表现过程中，要注意少用高光色对皮革进行大面积上色，皮革固有色由暗部渐变到高光区域进行上色，用涂改液点画出皮革的高光点或线。

绘画难点：质地光亮的皮革亮部需要注意留白，亮部与暗部颜色差距较大；磨砂皮面亮部不需要留白，正常黑白灰平稳绘制即可（图4-25）。

图4-25　皮革材质表现　贾园园

6. 藤材质

藤材质属于小类别材质，但其质地亲近自然、色彩温和，常用在席子、座椅等室内单品中。

在绘制藤材质手绘表现线稿部分时，根据藤的编织方式，用细实线画出藤的编织纹理，绘制时可以从暗部开始，然后逐渐递减。

绘画难点：手绘表现时，不需要将所有的编织纹理表现出来，适当留白，形成虚实对比。用高光色，从暗部对藤材料进行上色，注意高光区域直接留白，以藤的本色从暗部进行上色，渐变到高光区域（图4-26）。

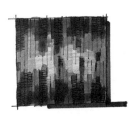

图4-26 藤材质表现 贾园园

二、硬质单体绘制详解

室内设计手绘表现练习包含两个步骤，第一步先进行单色马克笔的表现练习，主要用灰色系的马克笔来塑造形态关系；第二步进行色彩搭配的表现练习，运用不同的颜色来组织不同的色调塑造色彩关系。练习中对于单体的表现，既可全部使用马克笔这一种工具完成，也可运用彩色铅笔等辅助工具加以补充和润色。单体的单色表现主要包括三大步骤：首先是区分大色块及转折面，其次是加强区分明暗层次，最后是细节的（质感、纹理等）刻画和画面的调整。在色彩表现中，需在单色明暗关系的基础上，增添色彩关系，运用色彩塑造物体。

（一）坐具类练习

座椅的种类有很多，按材质分类主要有实木椅、铁艺椅、布艺椅、塑料椅、皮艺椅等，按使用分类主要有办公椅、餐椅、休闲椅等。关于椅子材质，如果是布艺材质的，要表现其轻巧、柔软的感觉，线条多重复、多折线、多交错；如果是皮革材质，线条必须流畅，要有一气呵成的感觉。

1.单椅手绘线稿表现步骤

单椅手绘线稿表现步骤如下（图4-27）。

（1）以沙发休闲椅最左边轮廓为定位起笔，画出底座和靠背的线稿，注意透视比例。

（2）顺延左边轮廓勾勒出最左边的椅子背，顺势把下方部分勾勒出来。

（3）根据已勾勒出的外轮廓，勾勒出左边扶手以及坐垫，注意左边扶手的厚度。

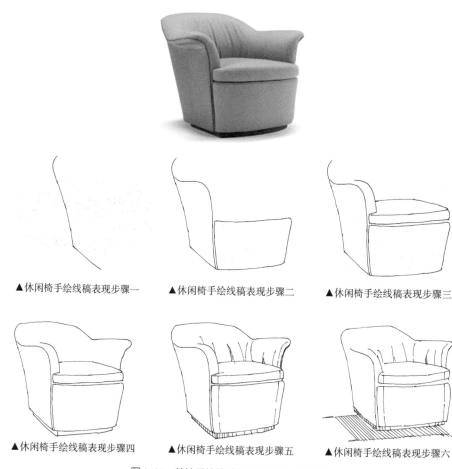

▲休闲椅手绘线稿表现步骤一　　　　▲休闲椅手绘线稿表现步骤二　　　　▲休闲椅手绘线稿表现步骤三

▲休闲椅手绘线稿表现步骤四　　　　▲休闲椅手绘线稿表现步骤五　　　　▲休闲椅手绘线稿表现步骤六

图4-27　单椅手绘线稿表现步骤图　贾园园

（4）根据已有的左边扶手轮廓，顺势勾勒出整个的座椅靠背扶手。

（5）椅子的外轮廓已完成，根据椅子外形和透视增加椅子的褶皱。

（6）绘制椅子的阴影，同时要注意阴影的透视。

2.单椅手绘上色表现步骤

单椅手绘上色表现步骤如下（图4-28）。

（1）用浅暖灰色和浅咖色整体上一遍基本色，注意留高光部分。

（2）用同色系更深的暖灰色和咖色进行叠加，注意层次感和留高光部分。

（3）对暗部和阴影处进行再次叠加，增加阴影的层次感。

座椅是室内单体中最常见、最重要，也是趣味性最强的部分。各式各样的座椅、沙发可以给整个室内设计带来多样的设计感。在练习的时候，可以找到很多素材进行临摹。在画的时候，要注意材质、色彩及光感的体现。有的沙发形体比较特别，甚至曲线较多，需要对其进行合理的概括。在上色的时候，要看重处理它们的素描关系（图4-29）。

▲休闲椅设计上色手绘表现步骤一

▲休闲椅设计上色手绘表现步骤二

▲休闲椅设计上色手绘表现步骤三

图4-28 单椅手绘上色表现步骤图 贾园园

图4-29 座椅手绘表现图 贾园园

（二）柜体类练习

室内柜体种类也很丰富，如茶几、吧台、床头柜、餐边柜等，茶几通常情况下是两把椅子中间夹一茶几，用以放杯盘茶具。它一般分方形、矩形两种，高度与扶手椅的扶手相当。茶几一般放置在经常走动的客厅等地方。它不一定要摆放在沙发前面的正中央，它可以放在沙发旁、落地窗前，并且可以同时搭配茶具、灯具、盆栽等装饰，展现另类的居家风情。

边柜多用于存放餐厅和厨房需要的生活用品，市面上的很多边柜都设有多个小抽屉，这样的设计不仅增加了边柜强大的收纳能力，还能让人们更好地分类放置物品。除了收纳这一功能，在装饰客厅上，边柜也有着不可替代的重要性。一款与餐厅风格搭配得相得益彰的餐边柜，不仅平衡了餐厅桌椅的单调，还增添了餐厅的美感和生活气息。

1.边柜手绘线稿表现步骤

边柜手绘线稿表现步骤如下（图4-30）。

（1）以边柜最左边轮廓为定位起笔，画出柜体的左边轮廓线稿，注意透视比例。

（2）顺延勾勒出最上面的轮廓柜体，注重透视比例。

（3）顺势勾勒柜体前面外轮廓，注意空出前面柜体中间玻璃部分。

（4）绘制前面柜体开门部分，注意柜体门扇左右比例问题。

（5）绘制出柜腿，柜腿的绘制过程中要注意前后透视比例问题。

▲边柜设计手绘表现步骤一

▲边柜设计手绘表现步骤二

▲边柜设计手绘表现步骤三

▲边柜设计手绘表现步骤四

▲边柜设计手绘表现步骤五

▲边柜设计手绘表现步骤六

图4-30　边柜手绘线稿表现步骤图　贾园园

（6）补充边柜的纹理和阴影。这时一定要注意透视，很多同学在绘制纹理时不考虑透视，从而造成绘制中整体物体变形。

2.边柜手绘上色表现步骤

边柜手绘上色表现步骤如下（图4-31）。

▲边柜设计上色手绘
表现步骤一

▲边柜设计上色手绘
表现步骤二

▲边柜设计上色手绘
表现步骤三

▲边柜设计上色手绘
表现步骤四

图4-31　边柜手绘上色表现步骤图　贾园园

（1）用浅冷灰色和浅咖木色整体上一遍基本色，注意留高光与反射部分。

（2）用同色系更深色的冷灰和木色进行叠加，注意层次感和留高光部分。

（3）再次用同色系更深色的冷灰和木色进行暗部的层次叠加，同时强调暗部的层次感。

（4）处理阴影并用同色系的彩铅进行修饰融合，增加肌理感。

室内柜体家具构成形式和形态相对比较简单，常见的材质多为木材和人造板，在表现时多注意以硬线为主，同时要注意线的粗细变化。另外，在刻画柜体的细节时，也要注意装饰手法、装饰纹样等细节（图4-32）。

图4-32　柜休的手绘表现图　贾园园

（三）灯具练习

室内灯具是室内照明的主要设施，为室内空间提供装饰效果及照明功能，它不仅能给较为单调的顶面色彩和造型增加新的内容，还可以通过室内灯具造型的变化、灯光强弱的调整等手段，达到烘托室内气氛、改变房间结构感觉的作用。

1.吊灯手绘线稿表现步骤

吊灯手绘线稿表现步骤如下（图4-33）。

▲吊灯设计手绘线稿表现步骤一

▲吊灯设计手绘线稿表现步骤二

▲吊灯设计手绘线稿表现步骤三

▲吊灯设计手绘线稿表现步骤四

图4-33　吊灯手绘线稿表现步骤图　贾园园

（1）以灯具座为起点，考虑每一部分的比例大小再起笔。

（2）顺延勾勒出灯具的主链条。

（3）绘制灯具前面部分，在绘制灯罩时需考虑前后透视关系。

（4）补充吊灯剩余部分。尤需注意连接灯罩的结构透视部分。

值得注意的是，对于这种结构较多的家具，绘制时可先用铅笔把大型勾勒出来，再按步骤一步一步地绘制。

2.吊灯手绘线稿表现步骤

吊灯手绘线稿表现步骤如下（图4-34）。

▲灯具设计上色手绘　　　▲灯具设计上色手绘　　　▲灯具设计上色手绘
　　表现步骤一　　　　　　　表现步骤二　　　　　　　表现步骤三

图4-34　吊灯手绘上色表现步骤图　贾园园

（1）用浅色金属金色对灯具的金属部分整体上一遍基本色，注意留高光与反射部分。

（2）用同色系更深色的金属金色进行叠加，注意层次感和留高光部分。同时，用淡黄色对灯罩中间部分轻轻扫，表现灯光部分。

（3）处理阴影并用同色系的彩铅进行修饰融合，增加灯罩的肌理感。

灯具手绘表现上多体现在造型的准确性，灯对于室内设计而言是不可或缺的物品，在手绘表现中，要用概括的笔法、线条将它们呈现出来。同时，要注意光影的表现（图4-35）。

图4-35　灯具的手绘表现图　贾园园

（四）装饰品练习

室内设计装饰品起到装饰和点缀空间的作用。室内装饰品的种类有很多，有的是纯装饰，有的比较有创意，实用且美观。

1.装饰品手绘线稿表现步骤

装饰品手绘线稿表现步骤如下（图4-36）。

（1）以前后两个装饰品的左轮廓为起点绘制，注重装饰品的大小比例。

（2）顺延勾勒出装饰品的主轮廓线。

（3）绘制装饰品的结构线，顺势把靠后的装饰品绘制出来。

（4）补充装饰品的明暗线，绘制出阴影。

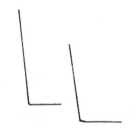

▲装饰品设计手绘线稿表现步骤一

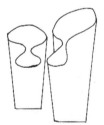

▲装饰品设计手绘线稿表现步骤二

▲装饰品设计手绘线稿表现步骤三

▲装饰品设计手绘线稿表现步骤四

图4-36　装饰品手绘线稿表现步骤图　贾园园

2.装饰品手绘上色表现步骤

装饰品手绘上色表现步骤如下（图4-37）。

（1）用浅色系冷灰、暖灰和绿灰，对装饰品整体上一遍基本色，注意留高光与反射部分。

（2）用同色系更深色的灰色进行叠加，注意层次感和留高光部分。

（3）处理阴影部分，增加对比度。

室内装饰品的手绘表现上同样要注重多造型的准确性，装饰品多为体量小，且结构相对复杂（图4-38）。

▲装饰品设计上色手绘　　▲装饰品设计上色手绘　　▲装饰品设计上色手绘
线稿表现步骤一　　　　　线稿表现步骤二　　　　　线稿表现步骤三

图4-37　装饰品手绘上色表现步骤图　贾园园

图4-38　装饰品的手绘表现图　贾园园

（五）卫生间洁具练习

卫生间洁具一般有浴缸、面盆和坐便器，常用的材质主要是陶瓷。

1.面盆手绘线稿表现步骤

面盆手绘线稿表现步骤如下（图4-39）。

（1）以面盆的底部起笔，画出面盆的左边轮廓线。

（2）顺势画出面盆的轮廓线，注意内部轮廓和外部轮廓的比例结构。

（3）绘制水龙头，注意出水地方的透视要与面盆的透视相协调。

（4）补充面盆的明暗线，绘制出阴影。

▲面盆设计线稿手绘
表现步骤一

▲面盆设计线稿手绘
表现步骤二

▲面盆设计线稿手绘
表现步骤三

▲面盆设计线稿手绘
表现步骤四

图4-39　面盆手绘线稿表现步骤图　贾园园

2.面盆手绘上色表现步骤

面盆手绘上色表现步骤如下（图4-40）。

▲面盆设计上色手绘表现步骤一　　▲面盆设计上色手绘表现步骤二　　▲面盆设计上色手绘表现步骤三

图4-40　面盆手绘上色表现步骤图　贾园园

（1）用浅色系冷灰、暖灰分别对水龙头和台盆整体上一遍基本色，注意留高光与反射部分。

（2）用同色系更深色的灰色进行叠加，注意层次感和留高光部分。

（3）处理阴影部分，增加对比度。

室内洁具材质多为石材，因此要注意石材的材质表现。在表现时，注意石材的纹理、光泽度和色彩。同时，要注意洁具单体放在空间内的表现中，要用环境色勾画石材的反射和倒影（图4-41）。

图4-41 洁具的手绘表现图 贾园园

第三节 室内软质类单体详解

一、软质单体材质表现

（一）布艺

织物布艺在室内装饰中的应用非常广泛，多用于沙发、被子、窗帘等。布艺有着缤纷的色彩，在具体装饰中运用可使空间丰富多彩，如地毯、窗帘、桌布、沙发等。布艺的材质特征分为两种。第一种为单色布艺，此类应注意因形体转折而产生的光影变化。第二种为有花纹的织物，如地毯、带花纹的沙发。布艺常具有柔软的质地、明快的色彩而使室内氛围亲切、自然。画面可运用轻松、活泼的笔触表现柔软的质感，与其他硬材质形成一定差异，织物效果表现富有艺术感染力和视觉冲击力，能调节空间色彩与场所气氛。

（二）植物

花、草、树是在室内空间中有生命的装饰物，它们能使室内空间充满活力。此类材质是最难刻画的，植物是蓬勃、有生命的，并且姿态千变万化，刻画时注意把握植物"生机勃勃"这一特点，避免"碎""杂"的效果。室内植物相对比较难画，只要画好两三种植物就够用了。画室内植物不宜用太纯的颜色。

二、软质单体绘制详解

（一）抱枕练习

抱枕、靠垫是室内设计的常用物品，几乎每一张室内设计手绘都会有它的存在。在手绘表现的时候，要通过褶皱、马克笔的笔触及靠垫本身的花纹来表现，还要注意靠垫的透视，要与承载它本身的物体一致。

1.抱枕手绘线稿表现步骤

抱枕手绘线稿表现步骤如下（图4-42）。

（1）以抱枕侧面为定位起笔，画出抱枕的厚度，注意画抱枕时用笔要软，体现抱枕的蓬松性。

（2）顺延勾勒出左边抱枕轮廓，注重透视比例。

（3）顺势勾勒出右边抱枕外轮廓，注意前后比例关系。

（4）把右边的抱枕厚度绘制出来。

（5）绘制出右侧抱枕花纹，花纹的绘制更应注意透视比例关系。

（6）补充抱枕的褶皱和阴影，这个绘制过程同样要注意透视问题，避免造成变形。

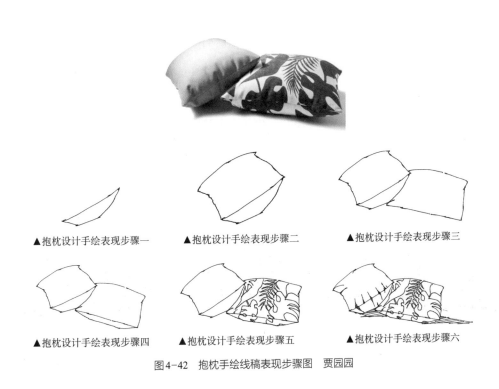

▲抱枕设计手绘表现步骤一　　▲抱枕设计手绘表现步骤二　　▲抱枕设计手绘表现步骤三

▲抱枕设计手绘表现步骤四　　▲抱枕设计手绘表现步骤五　　▲抱枕设计手绘表现步骤六

图4-42　抱枕手绘线稿表现步骤图　贾园园

2.抱枕手绘上色表现步骤

抱枕手绘上色表现步骤如下（图4-43）。

（1）用浅色系绿灰对抱枕整体上一遍基本色，注意留高光部分。

（2）用同色系更深的灰色进行叠加，同时用浅绿对靠下的抱枕花纹进行上色，同样注意留高光部分。

▲抱枕设计上色手绘表现步骤一

▲抱枕设计上色手绘表现步骤二

▲抱枕设计上色手绘表现步骤三

▲抱枕设计上色手绘表现步骤四

▲抱枕设计上色手绘表现步骤五

图4-43　抱枕手绘上色表现步骤图　贾园园

（3）再次用更深的灰色和绿色同色系进行叠加，增加层次感。

（4）处理阴影部分，增加对比度。

（5）用灰色和绿色的彩铅对抱枕进行修饰，增加色彩的融合度和肌理感。

绘制布艺时主要表现其固有色，可绘制花纹或条纹点缀，图案不必完整，色彩应随转折变化而形成明暗关系。在绘制布料的转折时，可适当地减弱其明暗对比的强度，让层次更丰富些。同时，在布料上绘制花纹也是表现其质感的一种有效方法。花纹的处理方式需要根据前后、虚实关系进行绘制。总体来说，布艺为漫反射物体，光影变化比较微妙（图4-44）。

图4-44　抱枕的手绘表现图　贾园园

（二）室内植物练习

室内设计中常用的植物分为两类，一类是大型的金钱树、幸福树、发财树等，常放置在客厅里、阳台上；另一类是绿萝、吊兰、长寿花、富贵竹等小型植物，放置在柜子、桌面上，具有净化空气、装饰空间的作用。

室内植物在手绘表现上，线条灵活多样，上色笔法常见"挑""扫""点"等，可以充分利用马克笔的特点，转动笔尖，刻画出不同的枝叶效果。

1.室内植物手绘线稿表现步骤

室内植物手绘线稿表现步骤如下（图4-45）。

室内植物设计线稿表现步骤一

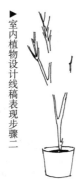室内植物设计线稿表现步骤二

室内植物设计线稿表现步骤三

室内植物设计线稿表现步骤四

图4-45　室内植物手绘表现步骤图　贾园园

（1）以花盆的结构起笔，画出室内植物的花盆。

（2）顺势画出花盆的剩余部分，然后绘制植物的枝干，注意枝干的粗细变化和分叉的细节处理。

（3）绘制植物的叶子。植物的绘制重点在于植物的形态和叶片的特征，为了体现植物的生机勃勃，叶子可以茂密一些，向四面八方伸展。

（4）补充花盆的纹样，枝干、叶子等细节。

2.室内植物手绘上色表现步骤

室内植物手绘上色表现步骤如下（图4-46）。

（1）用浅色系冷灰、浅绿和浅木色随植物整体上一遍基本色，注意留植物高光与花盆材质反射部分。

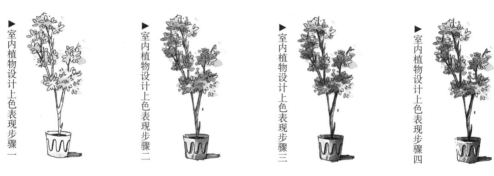

▶室内植物设计上色表现步骤一 　▶室内植物设计上色表现步骤二 　▶室内植物设计上色表现步骤三 　▶室内植物设计上色表现步骤四

图4-46　室内植物手绘上色表现步骤图　贾园园

（2）用同色系更深色的灰色、绿色和木色进行叠加，注意层次感和留高光部分。

（3）处理阴影部分，增加对比度。

（4）用黄色和浅灰色的彩铅进行扫，增加植物的亮部和花盆的材质肌理感。

花草树形状多样、姿态生动，描绘时不可能面面俱到，但其形态特征要把握准确。要熟悉它们的生长规律，下笔要准确、果断。线条运用方面，要注意疏密对比、方向对比、粗细对比等，用这些手段表现植物位置的前后穿插、疏密的层次关系（图4-47）。

图4-47　室内植物的手绘表现图　贾园园

针对室内单体手绘表现，需要注意以下几点。

（1）体块关系。例如，带扶手的沙发有坐垫、靠背、扶手三个部分，绘画时，可将沙发坐垫与扶手看作一个方体，再进行手绘。

（2）特征分析。小型沙发的表面是布料，内有海绵或弹簧。沙发表面看起来硬朗、平整，实则有弹性，具有硬质单体的特征。手绘表现时，线条的表现一定要有力度，起笔、收笔稍重些，体现沙发硬朗、平整的特点，同时用线要稍有弧度，以体现沙发的弹性。坐垫凸起部分的绘制，可以让沙发看起来很软。两人或三人沙发，形体大多是方的、软的，有弹性，表面是布料，靠垫形体很饱满，边角处有褶皱。手绘表现时，线条的表现要流畅、有弧度，边角处要画出褶皱。

（3）比例与尺度。家具设计一定要遵循严格的比例与尺度，手绘线稿设计不能太随意，要符合人体工程学和使用需要，家具单体才有实用意义。

（4）透视合理。透视是塑造空间的最直接的手法。没有透视，物体便无法"凝聚"在一起。要想塑造空间，透视必须合理。所谓"合理"并非准确，这是因为有些时候完全按透视原理去绘制物体，获得的最终效果看起来可能不是很舒服。因此，室内单体在绘制时，一定要考虑物体的透视。例如，小沙发靠背宽度要略小于坐垫宽度，靠背重心是垂直的，保证近大远小的透视关系及形体的稳定。沙发靠垫左右的弧线要斜画，上下的线要根据图面有透视，下面要比上面略宽，褶皱要随靠垫鼓起的弧度而画。

（5）明暗层次。室内家具单体手绘表现一定要注重亮、灰、暗三大面的塑造。亮面明度要高或者留白，灰面用浅色平铺，暗面用深色叠加。

（6）光与影。没有光影的手绘表现画面易产生平涂的色块，形成过于装饰性的图案效果，缺少三维的空间感。光线的射入，必定会使物体产生界面明暗的渐变和不同形状的阴影，光影在画面中不仅增强了明暗色彩的视觉层次感，也让画面变得更富有艺术性和变幻感。对于画面整体而言，光影表现需要有一定的层次关系，可以分为三层，即暗、灰、亮渐变，这样画面的艺术性、层次感和观赏性就会大大提高。

（7）构图方式。构图的主要影响因素在于视角和视高。针对不同的家具设计形式，采用不同的构图方式。构图的主要原则是突出设计重点，使画面更加美观，作品的可视度高。

视角的选择：视角的变化会影响画面的观察角度，控制正、侧面的观察比例，同时影响透视的变形程度。在手绘表现中，应将主要的设计立面作为表现的重点，减少主要立面的透视变形，以便于设计的表达和作品的观察。例如，柜类家具的设计重点在于面板部分，设计量很少。在构图时，适合选择平行透视或成角透视。桌、椅类家具的正面与侧面都包含重要的设计内容，表现时要兼顾正、侧面的设计表达，通常选择成角透视。床类家具的三维尺度差异比较大，而且设计的重点在于床前屏和后屏，侧面的设计内容较少，在构图时要减少床的空间深度，适合选择平行透视或者是成角透视。

视高的选择：视高是人的观察高度，可控制顶面的可视量，同时影响画面的亲和度。中国人的平均视高在1500mm左右，在手绘表达时，视具体的家具类型选择合适的视高。家具单体的高度分为高于视高和低于视高两种。对于高度大于视高的家具，如衣柜、书柜、书架、博古架等，在绘制表现时，视高通常会选择在家具高度的40%左右（从地面往上），这样表现出的家具图形上面部分比下面部分变形大，线条的倾斜度大，画面就会显得比较稳定，效果较好。例如，衣柜的高度为2100mm，那么视高为2100×0.4=840（mm）。而对于家具高度比视高小的家具，如椅子、桌子等，绘制表现时，视高为家具高度的120%或等高，这样画出的图形就不会显得俯视度大，画面也显得亲和一些。例如，椅子的高度为1200mm，那么视高可以定为1200mm或1440mm。

（8）色彩协调。马克笔的上色一般从重点的地方下笔，依次扩展到其他部位，每一个部分的上色顺序为由浅到深。

· 第五章 ·

室内组合
设计表现

室内组合设计表达是在单体表现的基础上，以一点或两点透视的表现为主，结合室内空间特点、陈设搭配需要进行的手绘设计表现。组合设计以单体家具为依托，以服务人们的生活为目标，借助手绘表现为人们创造理想的室内局部家居空间环境。

室内组合在表现过程中，首先要掌握空间尺寸比例关系，其次要了解不同风格在表现过程中的特点和设计元素的应用绘制技巧。最后要以丰富的家具表现为主，兼顾墙体造型和室外光的营造等进行综合设计，再结合陈设品的绘制，完成组合的手绘空间表现技法。

因此，室内组合的设计表现，更多地集中体现在以传统文化为代表的新中式风格和外来文化为代表的北欧风格，通过尺规作图，详细展示绘制技巧、风格特征、陈设搭配等组合表达模式。

第一节　沙发组合

沙发组合在手绘设计表现过程中，大致分为三个方面：一是人体生理、心理的基础研究，二是人体工程学在家具设计中的应用研究，三是综合考虑风格、陈设、软装等。

沙发组合手绘表现是在单体沙发表现的基础上，绘制双人沙发、多人沙发、茶几的搭配和软装。在绘制表现沙发组合时，要考虑功能、形式、材料、结构等要素，还包括对沙发的使用环境、使用方法、使用效率、使用时的心理感受、沙发与其他家具相互关系等方面的设计表达。因此，沙发组合的绘制是组合空间中的表现重点，可以借助一点透视室内体块组合进行徒手表现训练（图5-1）。

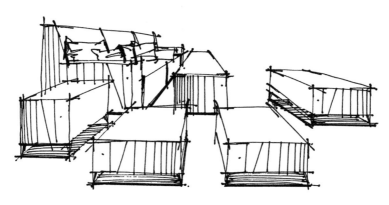

图5-1　沙发组合　刘丞均

一、沙发组合平面尺寸布局

沙发组合的平面尺寸主要反映设计方案的空间功能布局和空间划分。沙发组合的平面以人体工程学为依据，重点强调人的行为，如坐和躺的尺寸，以及家具组合之间的空间尺寸。所以，要绘制出合理的沙发组合，必须建立在人的生理结构、心理感受等基础上，要画好手绘，必须了解人的基本测量尺度、人体比例关系、结构尺寸、功能尺寸、心理空间等因素。

沙发组合在手绘过程中，大概分为沙发和茶几的组合，沙发和脚踏的组合，沙发、茶几的落地灯具组合等多种表现形式（图5-2）。

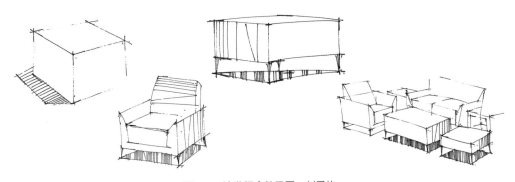

图5-2　沙发组合效果图　刘丞均

（一）平面尺寸布局

在室内空间沙发组合的平面尺寸布局中，首先要考虑的是，人一直处在活动的形式，并非绝对静止的状态。所以，与人相关的空间范围，如沙发组合空间，必须考虑到沙发的大小、尺寸，并结合人体活动的因素，让人的活动空间在有限的范围内发挥最大功效。

活动空间的预留要结合沙发组合的摆放形式，基本上以围合和半围合两种形式为主。围合形式的沙发组合以交流、沟通为使用目的，属于较为封闭的空间。在布局摆放过程中，单人沙发、多人沙发、边柜、落地灯具以茶几为中心围合形成，呈"U"字形。围合式的布局在室内空间活动轨迹上相对闭塞，但为了保证使用人员的活动空间，围合式的布局更适用于室内空间较大的场地。半围合式的布局以沙发组合成"一"字形或"L"字形，常用"一"字形沙发布局搭配茶几、边柜、落地灯、绿植等形成空间，适合用于小户型室内空间。在摆放布局过程中，还应考虑好沙发的长宽比例，结合室内空间，营造室内沙发组合环境（图5-3）。

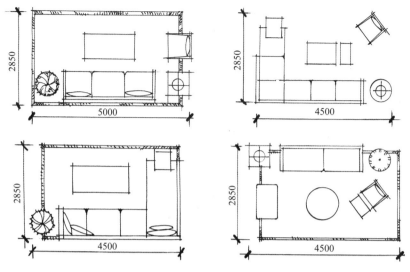

图5-3　空间布局绘制　刘丞均

在微户型中，沙发组合的布局，则是以单人沙发、脚踏、边柜、茶几等组合形成"一"字形布局。因此，应结合户型大小综合考虑沙发的尺寸进行布局。

（二）平面绘制技法

在室内空间手绘平面的过程中，借助于快线或慢线的技巧进行线稿表现。快线的特点表现较为干脆，慢线则灵活性大，方便把控。在绘制时，尤其要注意空间和家具之间的尺度比例关系。

在组合家具绘制前，可以先借助矩形线框进行矩形线条的训练，即手腕放松，轻轻在纸面上滑动，不要太用力。在绘制的过程中，线条要做到小曲但大直，也就是局部可以不直，但整体趋势一定要直（图5-4）。

进行沙发组合平面图的绘制，以沙发的尺寸为例：单人位为550～600mm，双人位

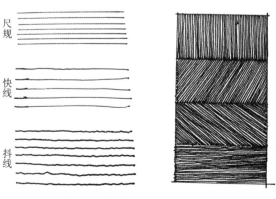

图5-4　平面线条绘制　刘丞均

为1100~1200mm（图5-5）。

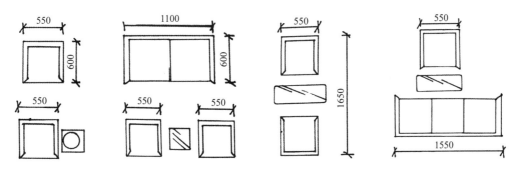

图5-5 沙发组合平面图 刘丞均

二、沙发组合的空间表达

沙发组合是室内设计手绘表现技法中出现频率高、绘制要求内容较为全面的组合形式。由于沙发是客厅当中使用次数最多的家具，家居生活的大多数时间都会与沙发产生密切关联，所以在表现沙发的边线区域时一定要有褶皱效果，如果线条感太硬，一定要借助排线来弥补。所以在绘制沙发过程中，强调造型和材质的表达。沙发在表现过程中作为客厅空间的视觉焦点，必须搭配绘制出茶几、边柜、挂画、灯具等。对于小型沙发组合的绘制，构图是第一步，其意义在于正确处理沙发和相关家具之间的关系和位置，把局部的色彩点缀作为画面的亮点，起到画龙点睛的效果。小型组合绘制的效果可以展现室内一角的艺术形式美。

沙发组合的绘制，在表现时必须把重点放在沙发的素描关系上，区分亮、灰、暗面三者之间的关系，同时借助光影关系，运用色彩加强明暗对比，对整体效果进行综合表现，最终呈现出手绘和设计的双重功能（图5-6、图5-7）。

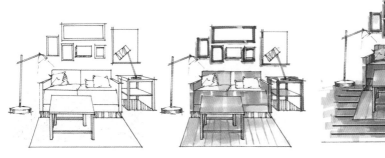

图5-6 沙发组合马克笔素描关系图 刘丞均

图5-7 沙发组合呈现效果图 刘丞均

（一）新中式风格沙发设计元素和绘制技法

1.新中式风格沙发设计元素

新中式风格沙发作为当下流行的室内家具，其材质、纹样和造型都完美符合当下人们对于家居生活的使用要求。

（1）材质造型古朴。新中式沙发组合在选择材料过程中，以榆木和白蜡木为主要框架材料，木质坚实，利用木材纯天然的条纹结构，体现木材的自然美，高端大气、实用舒适。同时，会将传统文化与现代材料相结合，充分融入现代化的时代特色。

传统的建筑结构作为装饰造型，在新中式家具中得以延续。例如，中式传统建筑中的太师壁、落地罩、栏杆罩、雀替、挂落、隔扇、屏风、窗扇、漏窗、月亮门、多宝格等，都为新中式设计提供了造型基础，通常运用抽象、打散、重构的艺术手法，产生新中式沙发的艺术形象和符号特征。

（2）装饰纹样祥和。新中式沙发造型源于传统中式家具，传统家具的制作以传统文化为基石。而传统文化中最主要的特征是象征的表现手法。因此，新中式沙发在一定程度上采用象征的手法来设计具有中国特色的家具，其常将传统吉祥纹样元素进行提炼概括，融入家具设计中，寓意中国传统文化的精神内涵。例如，吉祥文字百寿、百福、百喜、吉祥谐音纹样鱼、喜鹊、蝙蝠、葫芦，以及梅兰竹菊、金银铜钱、五谷丰登、琴棋笔砚等富有特色的文化形式，具有代表性的清式梁枋彩画纹样、明式天花板彩画纹样、苏轼彩画包袱造型样式、椽头彩画，这些纹样既增添了家具的美观，更代表着文化传承。

为了突出新中式家具内敛又具有细节变化的特点，以传统中式窗棂中的菱格为设计元素，应用到新中式家具纹理的设计中较为常见。以灯具为例，新中式灯具的装饰借助菱格造型彰显几何感强的纵横交错的木质纹理装饰灯具外部造型（图5-8）。

（3）垂直栅格元素。木制格栅作为新中式沙发中最常出现的设计元素，通常用于表现简洁的线条、流畅的方正造型，以及硬朗的视觉特点。在造型设计上，借助传统中式窗棂的直纹表现垂直方向的线，既有视觉通透的效果，又兼顾表现传统直纹元素的中式纹样。因此，在新中式元素融入沙发组合手绘表现过程中，重点表现装饰和软装陈设等细节。线稿处理时，宜采用横向、纵向的直线条搭配浓重且成熟的深色，让人感受到新中式沙发大方稳重

图5-8 新中式风格装饰纹理 刘丞均

的魅力（图5-9、图5-10）。

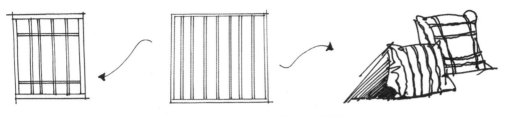

图5-9　新中式风格元素手绘表现　刘丞均

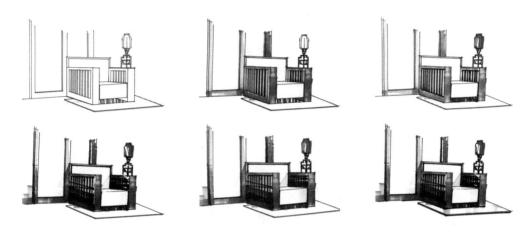

图5-10　新中式风格木质格栅家具组合表现　刘丞均

2.新中式风格沙发绘制技法

新中式沙发和茶几的组合，以中国传统文化为背景，突出背景环境，营造出属于传统文化的中式韵味的环境特点，结合构图以各种尺寸不同的体块进行绘制。

（1）以一点透视为主进行表现，图中家具所有的点都消失于灭点（图5-11）。

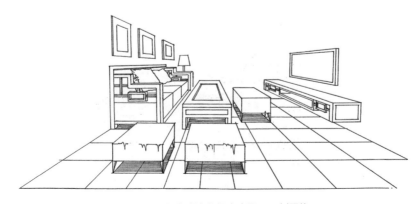

图5-11　新中式沙发组合步骤一　刘丞均

（2）结合主要表现的家具，以马克笔对主要家具进行色彩的整体平铺，注意新中式家具的整体色彩饱和度偏低的特点（图5-12）。

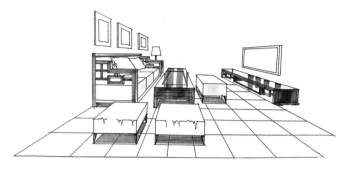

图5-12　新中式沙发组合步骤二　刘丞均

（3）运用马克笔的暖色系绘制出地板的材质特点（图5-13）。

图5-13　新中式沙发组合步骤三　刘丞均

（4）用马克笔处理画面明暗关系，表现素描关系（图5-14）。

图5-14　新中式沙发组合步骤四　刘丞均

（5）绘制环境的暗部、家具的投影，营造整体氛围（图5-15）。

图5-15　新中式沙发组合步骤五　刘丞均

（二）北欧风格沙发设计元素和绘制技法

北欧风格延续的是欧洲北部，包括丹麦、瑞典、挪威、芬兰、冰岛五国的设计理念，北欧风格在继承传统因素的基础上，将形式和内容、理性和感性融合，有着独特的文化内涵和地域民族风情。

1.北欧风格沙发设计元素

（1）材质亲近自然。由于北欧的家具最具简洁性和实用性，沙发组合造型简约，其材质也向极简靠拢，家具常用纹理自然的原木，并使用光泽明亮的石材、玻璃、金属制作灯具和饰品。绘制时，沙发主结构基本用直线、斜线绘制，软装部分则运用慢线绘制，色彩上以较为跳跃的颜色来表现（图5-16）。

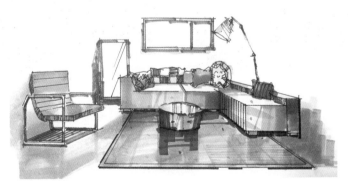

图5-16　北欧风格设计元素手绘图　刘丞均

（2）硬朗几何造型。北欧风格的沙发组合在造型上以低矮为主，将符合实际的功能简单地运用在造型上，绘制时造型以几何形体为主，用几何体块的组合、体块加减或堆叠的形式，作为表现其造型的特点。例如，采用直线的体块，具有硬朗、刚健的特点；纯直线的体块在塑造过程中，应注意水平或垂直堆叠过程的交叉使用。同时，可以将直线和曲线相结合，两条直线相交的地方用曲线来调和表现沙发组合的完美衔接。

（3）点缀装饰色彩。色调搭配上，北欧的沙发家具组合表现中，沙发主色调为白色、灰色、米色等浅色系，兼顾使用木色系为家具的表现形式，流露出强烈的自然情感和人性的温柔。例如，米色的沙发主色调，浅木色的沙发框架，这两种颜色有着北欧风格最原始的味道，饱和度较高的颜色当作空间中的点缀。

在马克笔绘制时，北欧沙发家具组合也会运用小面积鲜艳的颜色表现抱枕，通过色彩的搭配与撞击，给人以明亮、简洁的视觉效果。北欧风格的色彩搭配给人以宁静的味道，可以缓解压力舒缓心情。也正因此，马克笔表现的北欧沙发都是以灰色系的北欧沙发为主（图5-17）。

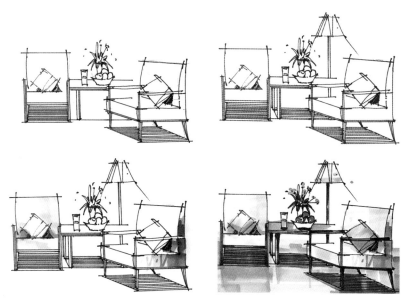

图5-17　浅色家具配合纯紫色的抱枕　刘丞均

（4）应用光影变化。光影作为表现黑白灰关系的重点部分，在北欧沙发表现过程中，要注意光感的处理和表现，结合画面利用大片的落地窗作为沙发组合中配景，满足空间的明暗和虚实处理，使空间宽敞、明亮。在绘制组合过程中，运用一点透视绘制家具组合的线条轮廓，再考虑客厅空间光线的介入这一光影变化，最后针对陈设品进行处理，茶几上绘制绿植，并结合果盘或水杯作为场景手绘表现的气氛烘托的点缀（图5-18）。

图5-18 光影变化手绘分析图 刘丞均

2.北欧风格沙发绘制技法

北欧风格沙发简洁、自然、舒适，蕴含着北欧人对自然的热爱和生活的追求。北欧沙发组合的绘制过程如下：

（1）以一点透视为主进行家具体块的表现，结合沙发和茶几的组合，控制比例和空间尺寸，进行线稿绘制（图5-19）。

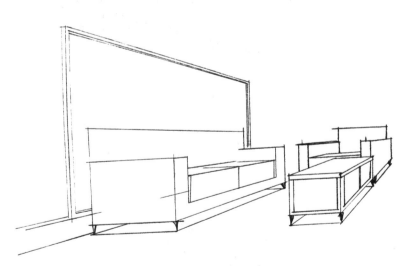

图5-19 北欧沙发组合步骤一 刘丞均

（2）墨线稿绘制完成后，开始进行马克笔上色，注意先从视觉中心的家具开始上色，用暖灰色系对沙发上色，注意明暗变化。对木质的茶几进行上色，柜体的推拉玻璃用绿色系表现（图5-20）。

图5-20　北欧沙发组合步骤二　刘丞均

（3）对于沙发背景，选用明度高的马克笔，用虚化的技法表现。同时，开始绘制沙发抱枕（图5-21）。

图5-21　北欧沙发组合步骤三　刘丞均

（4）马克笔结合明暗关系和色调表达，调整最终的沙发组合效果（图5-22）。

图5-22　北欧沙发组合步骤四　刘丞均

沙发组合的绘制，是客厅空间表现过程中最重要的一部分，以围合式和半围合式的空间组合方式呈现出来。在绘制过程中，要注意沙发的长宽比例和整体结构的特点。根据不同的沙发组合风格特征，表现其特点。尤其要注意木质框架沙发和布艺沙发两者之间的区别，在绘制时，结合线条和马克笔冷暖色调综合表现不同类型的沙发特点。

第二节　床具组合

卧室作为室内休息空间，其主要功能是为人们提供休息环境。因此，绘制床具成为表现床具组合中最重要的一部分。床具的绘制主要在于比例、尺寸和床头的造型，床头造型不同，风格也不相同。例如，稳重大气的床体、较名贵的材料，更适合表现新中式的床具；而对于床头造型，更多追求简约、时尚、大方，不需要过多复杂装饰，表现北欧床具就更具有说服力。但是，仅凭单一的床体还不足以形成床具组合的表现，床体两侧的床头柜、斗柜、床头背景墙和脚踏，都是床具组合的重要一部分，需要重点呈现。

一、床具组合平面尺寸布局

床具一般设置在卧室空间中，而卧室大多朝南，有阳光充足、通风良好等特点。对于床具的尺寸布局，要注意在绘制的过程中，分为单人床和双人床。在手绘表现的过程中，床头背景、床头柜、灯具等是展现风格特征的重点。

（一）平面尺寸布局

主卧室面积基本在 $12 \sim 30 m^2$。其中主卧尺寸较大，面宽 $3 \sim 4m$。因此，床的尺寸为 $1.8 \sim 2.2m$，床的长度一般为 $2m$，目前市场主流的床体，包含床头约为 $2.2m$。床头柜的长宽尺寸一般为 $50cm$ 和 $40cm$。主卧衣柜作为收纳类型的家具，进深为 $45 \sim 70cm$，长度为 $1.5 \sim 3.5m$。

次卧室面积较小，为 $8 \sim 16 m^2$，面宽多在 $2.2 \sim 4m$。床具为单人床，尺寸宽度为 $1 \sim 1.5m$，长度为 $2 \sim 2.2m$。

床具在主卧室空间的摆放布局过程中，以床体、床头柜、脚踏为主，布局较为简单，可一字排开，把床在卧室空间居中，床头紧贴墙，两侧为床头柜，床尾处放置脚踏，地面放置地毯或地垫作为软装搭配。结合中国人的习惯，床头位置不宜摆放在窗户下，床的两侧预留出居住者的行走空间，以保证人员正常行走。

对儿童房、次卧的床具组合的摆放，应充分考虑活动空间的预留。通常情况下，床体一侧贴墙，搭配床头柜和写字台或衣柜，剩余的为活动空间。如果空间本身过小，则可以使用折叠床。

老人房应以简洁为主，床体造型简洁、居中，床头贴墙，两侧为床头柜，以减少衣柜的使用面积，床体组合布局简约，视觉清爽。

（二）平面绘制技法

平面床具组合绘制，以快线和慢线相结合的方式。重点要注意表现床头的线。同时，根据床的类型不同，要绘制出床的尺寸线和尺寸界线，标注出床的具体数值，如图5-23所示。

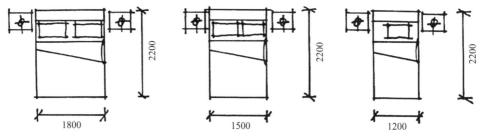

图5-23 床的平面尺寸图 刘丞均

二、床具组合中空间的表达

在室内空间设计中，由于卧室的睡眠需求，一般位于房屋内采光最好的区域。床具属于卧室的睡眠区，在布局上居于空间的中心位置。床体居中，后侧为床头背景墙，床头柜放置在床的两侧，床头柜配置床头灯。

（一）新中式风格床具格设计元素和绘制技法

1.新中式风格床具设计元素

（1）色彩沉稳。新中式元素在床具组合空间的实际应用过程中，一般采用较深色的木质纹理作为床体的主要材质，如白蜡木，借助于白蜡木硬朗的线条、简洁的装饰纹样进行装点。由于深色的木质纹理给人稳重、大方的感觉，让床体本身能和周边环境完美融合。

（2）纹样传统。新中式床体的软装主要是借助传统书画作品，或者是具有美好寓意的传统图案和纹样，复刻到抱枕、床头织物、屏风和床旗等床具组合的织物上，借助软装体现新中式床具的设计元素，彰显新中式典雅的气质。

（3）图案对称。新中式床具组合造型，应凸显在床头的造型，其对称的造型和扇形、圆形相结合的吉祥图案，是刻画造型的重点。

在床体的床头造型设计中，选择中式纹样作为元素提取的重点。把中式纹样以对称的手法，采用双数的陈列布局组合，营造出和谐协调的装饰效果。因此，在绘制过程中，表现中式造型的床头，是手绘表现中的一个重点（图5-24）。

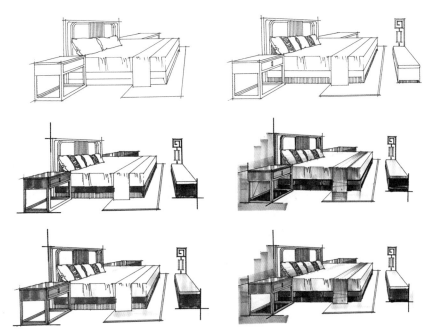

图5-24　新中式风格床具组合表现步骤图　刘丞均

（4）中式灯具。在床具组合空间中，壁灯、台灯是很常见的家具单品，对于其造型，同样需要结合中式传统纹样，突出木质家具组合质朴和传统中式纹样的特色，从而营造出新中式风格的特征。

2.新中式风格床具绘制技法

在床体家具纹样的绘制中，新中式床具的纹饰表现，可采用简约的装饰纹路，借鉴明代家具的精致，曲线装饰借鉴的是云纹的装饰特点。这正符合传统中式风格选用花草、云纹、卷珠纹的特点。在凹凸的轮廓纹理表现上，新中式更多地采用圆形、扇形的局部造型表现纹样符号，寄托美好的寓意。

（1）使用一点透视绘制出床体的造型和床头背景，注意刻画近景的床头柜和台灯的丰富细节，远处的玻璃窗户可表达室内良好的采光效果（图5-25）。

图5-25 新中式风格床具组合步骤一 刘丞均

（2）加强线稿的阴影效果和光影变化处理（图5-26）。

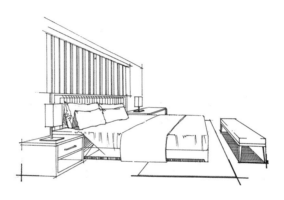

图5-26 新中式风格床具组合步骤二 刘丞均

（3）用马克笔平涂，并均匀过渡色彩关系，注意要整体地刻画（图5-27）。

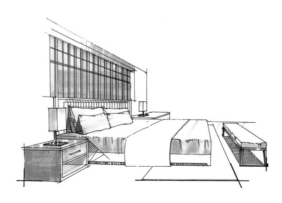

图5-27 新中式风格床具组合步骤三 刘丞均

（4）开始加重暗部和阴影效果（图5-28）。

图5-28　新中式风格床具组合步骤四　刘丞均

（5）加强整体的光影效果，表现玻璃材质（图5-29）。

图5-29　新中式风格床具组合步骤五　刘丞均

（6）提升整体效果，加强明暗对比，营造光感（图5-30）。

图5-30　新中式风格床具组合步骤六　刘丞均

新中式风格床具组合在表现过程中，除了要具备属于自己的中式元素符号，还应从画面色调上进行综合考虑。新中式床体组合的绘制，以床具作为表现的重点，以深色的原木框架与浅色的软包工艺搭配组合，古朴、大气、色调沉稳。而作为新中式风格卧室的重点，床具表现要突出造型大方、内敛，再借助于中式符号的灯具和床头柜以在整个组合中交相呼应、相得益彰，让整个空间呈现出经典的新式中国风搭配，让人感到沉稳，给人一种传统中式美的体验。

（二）北欧风格床具设计元素和绘制技法

1.北欧风格床具设计元素

（1）造型硬朗。北欧风格床具尺寸低矮、实用功能强，完全不使用雕花、纹饰，集简约、功能化于一体。床具和床头的绘制是重点，用简洁硬朗的线条绘制出床体结构，再结合直线或曲线纹路可以作为装饰特点，马克笔表现浅色可突出原木质感，营造宁静的北欧风情。

（2）艺术软装。床具组合空间中，在墙饰组成上，表现出白色墙体、装饰画等不同的造型，这是对北欧风格的良好诠释。通过绘制这些元素，并进行合理搭配应用，让空间更加清新的同时，还能让组合的表现更具文艺气息。灯具是体现床具组合的一个重要组成部分，通过灯具的手绘合理搭配应用，可以让室内组合更加有趣，也能与空间照明需求更好地结合。床头灯具的选择以金属的灯杆和亚克力的几何造型为主，以表现北欧的极简主义特色。因此，对于北欧风的表现，通常情况下是运用浅色的木制家具和白色的床品，搭配高纯度的配饰。例如，大色块紫色床旗，可让整个画面在视觉上更具有极简主义和北欧特色。

（3）原木材质。北欧风格床具采用枫木、橡木、松木为原料的床体，不破坏木质质感，朴实无华、质感天然，往往会给人一种原汁原味的大自然韵味。原木洋溢着一种不加雕饰的美感，纹理质朴、色泽素雅，可以给人营造和谐及温暖舒适的感觉（图5-31）。

（4）几何图案。在北欧家居风格中，由于卧室家具造型简约，常用一些规律几何线形纹路或彩色几何拼

图5-31　北欧风格设计元素手绘表现　刘丞均

图地毯、抱枕来点缀画面，营造温馨、舒适的起居环境。

　　2.北欧风格床具绘制技法

　　北欧风格的床具组合在绘制过程中，运用硬朗的线条画出造型，配色则遵循运用最简单的和最少的色彩来打造家具色彩，主要色调为白色或原木色，营造清新、舒适的自然体验。原木色的双人床搭配暖灰色系的地面最具北欧风情，造型简单干净的家具组合能让空间更加开阔、干净，视觉上比较舒适、无凌乱感。

　　（1）一点透视绘制北欧家具组合，如床体、床头柜、衣柜、梳妆台、地毯等常用家具（图5-32）。

图5-32　北欧风格床具组合步骤一　刘丞均

　　（2）墨线绘制，加强细节线稿的表现（图5-33）。

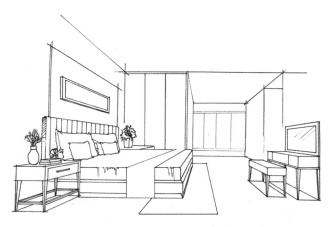

图5-33　北欧风格床具组合步骤二　刘丞均

　　（3）马克笔平涂家具，色彩过渡要均匀（图5-34）。

图5-34 北欧风格床具组合步骤三 刘丞均

（4）暗部加重，同时强调软装的色彩丰富程度（图5-35）。

图5-35 北欧风格床具组合步骤四 刘丞均

（5）绘制地板，表现整个房间的色彩效果（图5-36）。

图5-36 北欧风格床具组合步骤五 刘丞均

（6）加强暗部效果，提升明暗对比（图5-37）。

图5-37　北欧风格床具组合步骤六　刘丞均

在北欧风格床具的绘制表现过程中，需要在细节上下功夫。首先，床具的细节刻画要慎重考虑，因为床具的特点会增加空间层次感。其次，布艺纹理是北欧软装在表现时的主要特征之一，皱巴巴的浅白色床单、层层叠叠的毯子和抱枕搭配上原木元素，融合成完美的纹理组合。这不仅增加了床具组合的层次感，还让卧室变得更温馨、舒适。

在绘制过程中，除了表现陈设品，还要考虑马克笔灰色调的搭配，兼顾光线的明暗变化，利用慢线画出厚实的灰色地毯，并结合光感表现、亚麻布抱枕的细节褶皱处，让整个卧室空间在手绘表达时显得更丰富。

第三节　餐桌组合

餐厅是室内空间中相对独立的空间，手绘表现时需要对不同餐饮组合进行绘制。在绘制过程中，餐桌椅的周边，要考虑到边柜或角柜，在组合搭配过程中，还要兼顾餐桌组合的周边环境的绘制，如冰箱或者柜体的绘制。

餐饮组合家具的绘制中，双人餐桌椅和四人、六人餐桌椅是最主要的类型。桌面的表现，以餐具、餐盘、桌旗、烛台等进行丰富。以风格来说，新中式风格的餐桌椅组合在绘制时，传统符号会体现在桌旗或桌边的装饰上。

一、餐桌组合平面尺寸布局

由于室内空间的户型不同，餐厅的空间布局会有很大差异。一般情况下，餐厅位于住宅中光线较弱的北向，处于客厅和厨房之间。因此，餐桌组合相较于传统意义上的就餐家具有很大的改变，传统的餐桌一般以四人桌、六人桌为主。到了现代社会，餐桌有了更多选择，增加了双人台。

（一）平面尺寸布局

在室内空间餐桌组合的平面布局中，餐桌的尺寸双人台为1000mm×1000mm，四人桌长宽为1000mm×2300mm，六人桌长宽为1000mm×2430mm。

餐桌椅组合的摆放布局，需要结合整个餐厅的空间大小来决定。如果餐厅空间较大，可以选择用圆形餐桌放置在餐厅中间位置，结合餐边柜、室内绿植表现餐厅空间。如果餐桌为方形餐桌，可采用在餐厅空间居中或依墙摆放的摆放布局，墙边结合使用餐边柜或酒柜。

小户型的餐桌椅组合，在摆放过程中，应预留出行走的活动空间，这类户型的餐桌椅依墙摆放，餐桌选择小型的双人桌或四人桌。餐边柜选择用较窄的柜子贴墙摆放进行布局，或选择折叠餐桌。

（二）平面绘制技法

在绘制过程中，注意尺寸和桌椅比例关系等相关因素，如图5-38所示。

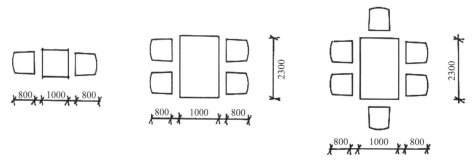

图5-38 餐桌平面尺寸 刘丞均

二、餐桌组合中空间的表达

（一）新中式风格餐桌设计元素和绘制技法

桌椅绘制上采用简约朴素的木制中式家具，深色木质的质朴简约使家具散发浓厚的新中式风格的底蕴。

1.新中式风格餐桌设计元素

（1）造型方正。新中式餐桌造型方正，多以传统中式的圈椅、官帽椅造型简化形成，融入科学的人体工学设计，具有严谨的结构和线条。餐椅靠背处设计横纵交叉的结构花纹，彰显中国传统文化元素。在材质上追求原木材质的自然质感，大多使用胡桃木或橡木，其色彩纯正，清新淡雅的木质纹理，自然大气，体现温馨雅致、轻松愉悦的就餐环境。

（2）软装儒雅。简单质朴的木质桌台结构，搭配茶色的玻璃台面。简约的实木靠椅，搭配绿色和蓝色的抱枕，点缀中式纹样符号，端庄高雅，给空间增添了静谧之感，使餐桌不仅适用于就餐，还可以喝茶、休闲等。

（3）图案简洁。新中式餐桌椅组合在设计过程中简化传统装饰元素，以简单的线条彰显优雅格调，看起来没有华丽的外表，却赋予了一种浑然天成的美感。餐桌椅组合中，新中式吊灯的造型搭配云纹图案、吉祥图案，是新中式餐桌椅组合最常用的纹饰符号（图5-39、图5-40）。

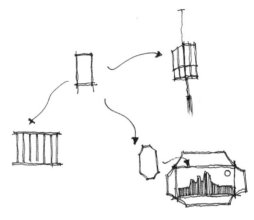

图5-39　新中式风格元素　刘丞均

2.新中式风格餐桌绘制技法

新中式餐桌椅组合的表现，整体画面以表现中式餐桌为视觉中心，突破传统餐桌的特点，把玻璃材质运用到餐桌面是为了提升餐桌的整体质感和通透性，以及表现材质的丰富程度。两侧的扶手椅以木质骨架配合浅色坐垫，搭配亮色调的靠枕，整体色调表现丰富，能够很好地呈现出古朴大气的视觉效果。

图5-40　新中式风格元素餐桌组合　刘丞均

（1）制作线稿，绘制出家具组合，餐边柜，吊灯、背景墙等（图5-41）。

图5-41　新中式风格餐桌组合步骤一　刘丞均

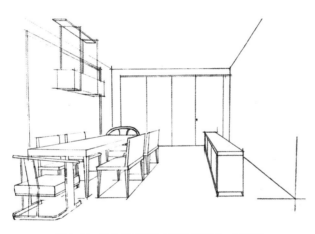

（2）勾勒墨线，线稿表现细节（图5-42）。

图5-42　新中式风格餐桌组合步骤二　刘丞均

（3）马克笔绘制实木家具的色调（图5-43）。

图5-43　新中式风格餐桌组合步骤三　刘丞均

（4）绘制餐桌背景墙和窗外夜景色调，同时表现桌面的陈设品（图5-44）。

图5-44　新中式风格餐桌组合步骤四　刘丞均

（5）增强明暗对比（图5-45）。

图5-45　新中式风格餐桌组合步骤五　刘丞均

（6）增强地面效果（图5-46）。

图5-46　新中式风格餐桌组合步骤六　刘丞均

在绘制时，借助灯具和装饰画作为表现重点的一部分，采用了添加传统纹样的吊灯和墙面的中式装饰画，在灯光、色彩搭配方面进行合理的明暗配置，这样主观处理可以有效地烘托出餐桌组合的氛围。在装饰上，灯具大多采用中国传统纹样等现代装饰材料，可增加整个用餐环境浓厚的中式氛围。

（二）北欧风格餐桌设计元素和绘制技法

北欧的餐桌椅家具越来越受年轻家庭的喜爱，其造型简洁，线条流畅，白色或者木质的纹理自然舒适。

1.北欧风格餐桌设计元素

（1）黑白灰色调。北欧的餐桌椅组合采用橡木、柚木、松木等材质，可展示出原木特色。餐桌的桌面选择用大理石、岩板等主流表现方式，色调以黑白灰色调为主，简洁的造型搭配皮质或者是布艺坐垫，环保健康，稳定性好，再结合人体工学的靠背设计，极具北欧风格特色。

（2）植物花卉图案。北欧餐桌椅的设计元素亮点一般应用在餐桌布和造型灯具上，北欧的餐桌上通常会用一张铺设有植物花纹的餐桌布，如龟背竹、散尾葵、芭蕉、虎尾兰等，不仅呈现原生态的美，而且为餐桌椅组合增添清新烂漫的色彩，还能给人一种良好的透气性。

（3）造型简洁硬朗。北欧餐桌椅很少出现纹样，简洁硬朗的线条配合原始木质的纹理，搭配简洁的椅腿，把极简主义应用到极致，是北欧餐桌椅表现的重点。餐桌周边的场景搭配可选用餐具柜或抽屉边柜，再结合摆件，让餐桌组合变得生动。

（4）几何形状灯具。北欧餐厅的造型灯通常是以几何形状的简洁灯具出现的，没有复杂的造型，没有太多颜色，简洁、直观、实用是北欧灯具的一大特色。

在绘制北欧餐桌椅组合时，以一点透视为表现方式绘制线稿，注意餐边柜和餐桌周边柜体的造型表现（图5-47、图5-48）

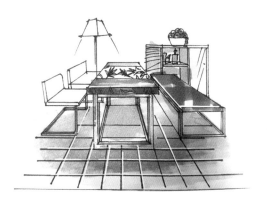

图5-47 北欧风格餐桌设计元素 刘丞均

2.北欧风格餐桌绘制技法

北欧风格的餐桌椅组合在表现过程中，桌椅处于画面的视觉中心，周围可以结合餐边柜、北欧简约吊灯和墙面组合柜体，表现北欧餐厅组合空间的绘制技巧。可以浅木纹色系表现餐桌，以金属和皮质布艺表现餐椅，体现极简主义和工业风。

图5-48　北欧风格餐桌组合　刘丞均

（1）运用一点透视绘制线稿，注意构图尺寸（图5-49）。

图5-49　北欧风格餐桌组合步骤一　刘丞均

（2）勾墨线并绘制出地砖的透视关系（图5-50）。

图5-50　北欧风格餐桌组合步骤二　刘丞均

（3）运用马克笔平涂家具的木色系（图5-51）。

图5-51　北欧风格餐桌组合步骤三　刘丞均

（4）深入表现光影关系并加强对比（图5-52）。

图5-52　北欧风格餐桌组合步骤四　刘丞均

　　手绘表现过程中，关于餐桌组合构图的视觉中心，不仅以餐桌和椅子为重点，更要注意画面的整体构图，疏密关系。针对椅子，在表现时要把控椅子腿之间的关系，同时应注意投影的排线刻画，让画面有节奏感和层次感。明暗关系也是表现的重点，要注意自然光源和人工光源在绘制时的不同效果。在室内手绘表现中，一般更强调室内人工光源的绘制表现，让餐桌椅的组合更具光影变化和明暗虚实。

第四节　书桌组合

绘制室内空间书桌组合时，通常把表现的重点放在桌子上，桌面可用电脑、书籍等丰富画面。书桌椅组合一般放置在书房，周边环境可结合窗台、书架、花架等进行综合表现。

书桌椅组合的视平线和灭点的定位，在表现时位置不易太高。因此，灭点位置以距离地面1.3m左右较为适中。造型绘制完成后，上色时要突出桌面的质感。

绘制书桌组合基本以一点透视为主，结合周边书架和陈设品进行绘制，简洁、明了、干脆、果断是线稿的重点。

一、书桌组合平面尺寸布局

室内书房空间一般为 $9 \sim 20m^2$，面积不会太大，书房空间类型可分为独立型和兼顾型。由于现代居家办公的需求量增大，书房的使用率不断升高，书房已经成为人们休闲、思考、阅读、工作的综合性办公空间。所以，书桌组合的绘制需要在功能性上满足电脑、交流、书写、绘图、书籍储存、收纳、展示，甚至手工制作等多种功能。在平面布局上以绘制书桌、椅子、电脑、书架或展览架为主，以陈设品和书本作为装饰。

（一）平面尺寸布局

书桌组合在绘制表现的过程中，需要把控长宽比和功能性两个关键问题。因此，在绘制时要把控书桌的关键参数，如高度和桌面面积等。书桌的尺寸以750~800mm的高度为宜，平面尺寸长宽分别为50mm、150mm。

书桌组合在摆放过程中以桌体、椅子、书柜、装饰画、博古架、陈列架、绿植为主，书桌椅和书柜为分散排列，或依窗成一字形排列。在较大的书房空间，以桌体为中心，书柜和博古架紧贴两侧的墙体，形成半围合形式的组合。绘制时，可以选择桌体、椅子和书柜这三种最常用的形式进行组合，也可以选用桌体、博古架、陈列架、装饰画这四种进行组合，营造氛围的表现手法。

儿童房中的书桌组合，在预留活动空间后沿窗摆放为一字形，也可把书桌和书柜成L形摆放。在家具组合的选用上，书桌椅、书架再配合陈列架是最常用的表现手法。

（二）平面绘制技法

在绘制的过程中，要充分考虑不同书桌的长宽比例。以简洁电脑办公兼具展示的表现形式，以500∶1200的长宽比绘制书桌为参考依据，进行尺规作图绘制，如

图5-53所示。

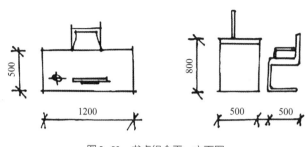

图5-53　书桌组合平、立面图

二、书桌组合中空间的表达

在室内空间书桌组合的绘制中，可把书桌作为画面的视觉中心进行构图，采用一点透视的表现方法，同时绘制出办公椅、置物架、书架、室内绿植等综合表现，需要注意书桌的高度和进深。

（一）新中式风格书桌组合设计元素和绘制技法

1.新中式风格书桌组合设计元素

（1）造型简约。新中式书桌椅大多选择温润自然的实木，结合实木自身的纹理，加以简约对称的造型设计，具有现代时尚气息。木纹质感的长条几案的书桌搭配圈椅，就是新中式绘制造型中最常见的表现形式。

（2）软装雅致。在软装配置中借助绿植和图书读物以及传统的装饰用瓷器来体现新中式的装饰特点，可体现出典雅的文化气息，营造出古典质朴的视觉感受。

运用传统的梅兰竹菊等中国文人士大夫所喜爱的植物、山水、鸟兽，又或者是寄托美好祝福的图案，设计在桌椅造型陈设品的装饰纹样上面，借助图案表现美好的寓意（图5-54、图5-55）。

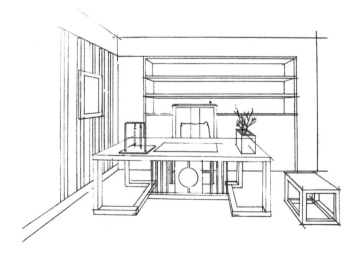

图5-54　新中式风格书桌组合设计元素　刘丞均

图5-55　新中式风格书桌组合　刘丞均

新中式书桌椅组合的设计元素，以实木材质为主，把中式对称的传统纹样应用到家具的造型设计中；以绿植和书籍作为陈设品，可表现文化气息和质朴的视觉感受。同时在装饰画上，借助传统绘画彰显美好的寓意，更能体现新中式的风格特征。

2.新中式风格书桌组合绘制技法

新中式书桌整体结构以流畅的直棂窗的直线元素为造型，桌体侧面多以线形或圆形镂空符号作为造型。梅兰竹菊为符号的纹样，简化提炼后应用，形成木格栅的纹样造型。陈列架的绘制以规则的方形格做陈列，配合传统的圆形、扇面作为全新的纹样表现方式。

（1）一点透视表现书桌的透视，并以木栅格隔断墙面进行综合表现（图5-56）。

图5-56　新中式风格书桌组合步骤一　刘丞均

（2）用排线绘制出阴影效果，并区分疏密关系（图5-57）。

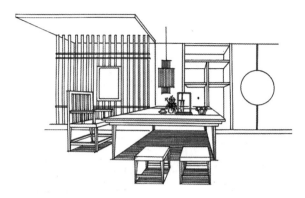

图5-57 新中式风格书桌组合步骤二 刘丞均

（3）绘制地砖，注意近大远小的透视关系（图5-58）。

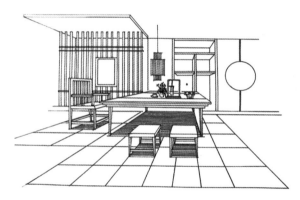

图5-58 新中式风格书桌组合步骤三 刘丞均

（4）木色系绘制出家具的整体木色质感（图5-59）。

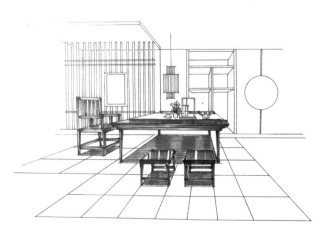

图5-59 新中式风格书桌组合步骤四 刘丞均

（5）综合表达整体的环境色系，把控整体为暖色调（图5-60）。

图5-60　新中式风格书桌组合步骤五　刘丞均

书桌在表现过程中，注重提炼并简化装饰元素，可以让新中式设计更好地满足人们的审美要求，也可以借助细腻的笔法，影响整体书桌组合的效果。新中式风格以传统装饰元素为依据，一般情况下，绘制这些文化元素还可以借助传统的木栅格表现墙面装饰、灯具造型和展览架等陈设品，应用过程中需要重视提炼元素简化绘制的内容，用较少的线条表达装饰风格，手绘风格也需要以新中式元素为主，并应用到桌椅、书架、陈设品、置物架、绿植等物品上。

（二）北欧风格书桌组合设计元素和绘制技法

1.北欧风格书桌组合设计元素

北欧风格书桌设计元素延续造型简洁、结构简约的北欧设计特点。

（1）色调淡雅。北欧风格的书桌椅组合在材质上，有别于新中式的纯木质结构，更多采用木质和金属相结合的结构特点。色彩上以白色调、浅灰色调为主，更看重质感的表现和功能性特点。

（2）创意灯具。北欧风格的书桌椅组合，区别于别的组合，增加了可供阅读的台灯，灯具作为最能体现北欧设计元素这一功能性家用电器，具备了照明、美化、装饰室内空间组合的作用。这些灯具通常都具有亚克力材质和金属材质相结合的特点。造型上以规则的几何形状呈现，以规则或不规则的阵列形式把简洁运用到极致，体现了北欧风格的极简主义特征。例如，金属吊灯、台灯，美观时尚的同时营造自然舒适的读写环境。

北欧风格的书桌椅组合的设计元素，基本是以浅白色调的家具和丰富的绿植以及金属质感的几何造型灯具来综合表现室内书桌椅组合。绘制过程中，要强调明暗色调的变化和金属质感的体现，让画面更具有整洁、干净的表现特征。书籍和陈设品作为北欧风格的一大特色，通常会放置在收纳柜中，闭合的柜门和开放式的柜体，完美地呈现出北欧风格的简约而不简单。

2.北欧书桌绘制技法

北欧风格的书桌椅设计，一直坚持以人为本的设计原则，会根据人的不同形态坐姿和生理曲线进行设计。

北欧书桌造型体现在材质上，绘制时主要用马克笔或彩铅区分材质特点。木材质和金属材质相结合来表现质感，或是采用木制桌面造型，再搭配金属的桌腿或者五金件。

北欧书桌的纹饰特点，主要体现在布艺抱枕等物品上，直线图案的运用、植物的图案、色块碰撞和阵列组合都是其纹饰特点。在手绘表现过程中，木制的书桌轮廓，搭配色彩丰富的抱枕植物图案，是较为便捷的表现方式。

（1）线稿表现北欧风格的书桌组合和金属装饰物的灯具（图5-61）。

（2）细化装饰品的金属纹理特点（图5-62）。

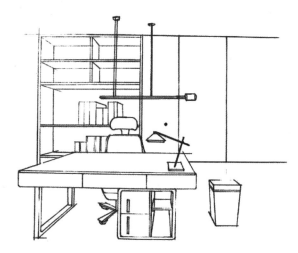

图5-61 北欧风格书桌组合步骤一 刘丞均

图5-62 北欧风格书桌组合步骤二 刘丞均

（3）马克笔突出表现金属材质的颜色（图5-63）。

图5-63　北欧风格书桌组合步骤三　刘丞均

（4）表现材质本身光泽度和灯具的照明，用高光笔提亮（图5-64）。

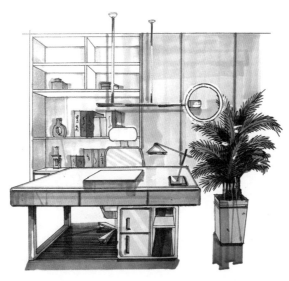

图5-64　北欧风格书桌组合步骤四　刘丞均

北欧风格的书桌椅组合，在表现过程中设计的核心是提供能够满足其审美需求及生活需要的产品。功能性应放在首位。因此，手绘表现收纳柜，隔断架是画面突出的重点。其次，金属框架结构和原木的桌面体现了北欧特色的书桌椅组合。针对金属材质的部分表现和原木桌面的处理，要注意线条的快慢节奏和简洁造型的表达，另外，要处理好桌面收纳或者功能性书架的空间设计。

第五节　洁具组合

　　室内空间洁具组合，作为卫生间的中心区域，是家庭环境中最为隐秘的空间。干净、整洁、质感的体现是洁具组合中最为重要的环节。

　　洁具是卫生间环境中设计的重点。由于设备种类多，在手绘表现过程更注重细节的表现和材质的视觉光感。洁具一般以台盆、收纳柜、镜子、毛巾架等物品为主。在表现过程中，洗漱台是刻画的重点，位于洗漱台上方的镜子和收纳柜体，有丰富空间层次的作用。收纳柜的表现，应该分为显性收纳区和隐性收纳区两个区域，显性区域用于收纳更常用的洗漱用品，隐性区域则可以存放备用物品。

一、洁具组合的尺寸布局

　　位于洗手间内的洁具组合，由于洗手间多为狭长形空间，所以在布局上，多采用一字形排列，洁具涵盖了台盆、镜子、收纳柜、洗衣机等，从入口处依次为收纳柜、洗漱台、洗衣机等。在布局过程中，洗漱台的位置较为关键，结合墙面镜子的位置洗漱台紧贴镜子，方便使用。洁具组合的摆放，墙面收纳柜的位置要配合洗衣机的位置结合布局。

　　在绘制平面时要注意洁具尺寸和使用者之间的尺寸关系。注意洗漱台、收纳柜或镜柜之间的距离和位置，如图5-65所示。

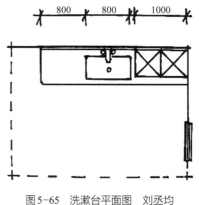

图5-65　洗漱台平面图　刘丞均

二、洁具组合的绘制技法

　　在绘制过程中，运用一点透视绘制不同的矩形体块来塑造形体和墙面瓷砖。借助金属材质和金属条，表现收纳柜细节或收边处理。镜柜或置物架的表现细节，可以将简单的线型造型和金属支架应用于洗漱台的设计，也可以借助色彩关系表现，绘制暖白色系的灯光，构建一种质感较强的视觉感受。绘制洁具组合时，重点表现洗漱台盆的造型、收纳柜的外观和利用镜子反射表现玻璃质感等。

（1）绘制一点透视洁具组合，注意表现镜子、马赛克瓷砖和收纳柜体（图5-66）。

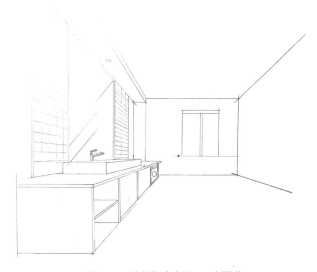

图5-66　洁具组合步骤一　刘丞均

（2）线稿勾勒墨线，注意空间感的表现（图5-67）。

图5-67　洁具组合步骤二　刘丞均

（3）马克笔平涂砖面和洗漱台，重点表现玻璃材质（图5-68）。

图5-68　洁具组合步骤三　刘丞均

（4）整体表现洗漱台，收纳柜体和玻璃的材质，突出材质特点（图5-69）。

图5-69　洁具组合步骤四　刘丞均

洁具组合在表现过程中，应充分考虑其布局分配，以及干湿空间的关系。在线稿表现过程中，注意台盆、玻璃和水龙头三者之间的位置关系。在马克笔的表现过程中，注意绘制玻璃和台盆这二者之间光影效果的区分。材质表现过程更看重反射高光笔运用。因此整体表现色调要更偏亮。

第六节　卫浴组合

绘制室内空间卫浴组合时，手绘的重点在于表现淋浴房、玻璃和墙面瓷砖。小块瓷砖的绘制，可以在整个墙面表现空间的秩序感和层次感。同时，重点绘制出金属支架，如金属淋浴花洒、毛巾架、金属收口条等，并搭配些许绿植，给整体环境增添一些生机，以提升画面的色彩丰富程度。

一、卫浴组合的尺寸布局

以洗漱台、马桶、置物架为主进行尺寸布局，摆放过程中，马桶、洗漱台、淋浴房为一字形或L形进行处理。布局过程中，马桶的位置可以临窗摆放，透气性好；可以让淋浴房临窗设置，方便干湿分离；也可以把马桶和洗漱台成一字排列，放置在淋浴房的外部，保证空间的干湿分离，如图5-70所示。

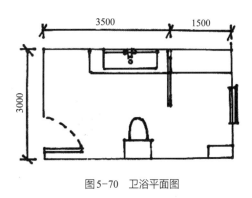

图5-70　卫浴平面图

二、卫浴组合的绘制技法

以一点透视为绘制方式，注意近景、中景、远景的变化。绘制内容包括淋浴房、收纳置物架等，以毛巾、洗漱用品、小型镜子为陈设摆件，进行绘制。

（1）绘制出一点透视为基础的线稿（图5-71）。

（2）马克笔铺设出素描关系（图5-72）。

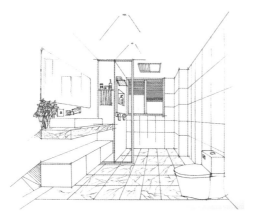

图5-71 卫浴组合步骤一 刘丞均

图5-72 卫浴组合步骤二 刘丞均

（3）马克笔表现组合空间的冷色调和灯光、质感的综合表现（图5-73）。

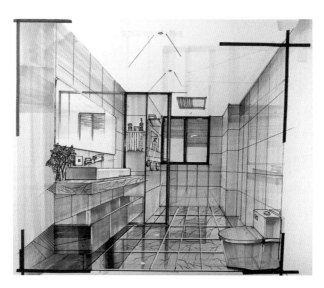

图5-73 卫浴组合步骤三 刘丞均

通过线稿的表述和马克笔的绘制，可以基本掌握小型组合在室内空间中的绘制技巧。表现过程中，线稿部分应该从尺寸和比例上结合透视关系进行各个家具之间的表现。突出表现家具近大远小、近高远低的特点。马克笔阶段，从大面积色调的铺设到细节地方的表现，以及材质的合理运用，都应该从冷暖关系的对比入手。让马克笔色彩服务于线稿，让线稿突出表现家具的比例关系，最终让整体效果以更完美的形式表现出来。

· 第六章 ·

室内空间
设计表现

一套完整的室内设计图纸一般包括平面图、立面图、顶棚平面图、构造详图及透视图。室内设计表现内容中的平面图、顶棚平面图、立面图（即室内装饰施工图）是设计者进行室内设计表达的深化阶段及最终阶段，更是指导室内装饰施工的重要依据。

室内空间设计表现主要通过室内设计图纸中平面布局图、天花吊顶图、立面施工图纸、大样图等主要设计施工图纸的设计内容与表达，在实际设计中要准确指导图纸内容中室内空间要素的设计与施工，表达设计意图与理念。而手绘表现纸主要通过徒手表现手段，快速而准确地绘制手绘表现的一种方法和技巧，形象而直观地表达设计意图的图纸，具有很强的艺术感染力及观赏力。手绘表现需要绘制者具备良好的美术基本功和艺术审美能力，以便能将设计构思中的形式直观而快速地表达出来。手绘的表现方式已经成为设计师表达情感、表达设计理念和表达方案结果最直接的"视觉语言"。

第一节　平面设计分析

一、平面图

室内平面图是以平行于地面的切面在距地面1.5mm左右的位置将上部切去而形成的正投影图。平面图包括地面平面图、顶面平面图两种。地面平面图反映的是整个住宅的总体布局，主要是各房间的功能划分、家具的摆放、各种设施的位置及地面的处理等。顶面平面图反映的是整个住宅的顶面处理情况，主要指灯具的位置、种类以及顶面的造型（图6-1）。

（一）室内平面图表达内容及作用

1.室内平面图表达内容

室内平面图应着重表达室内内部空间的规划，即墙体、隔断及门窗、室内

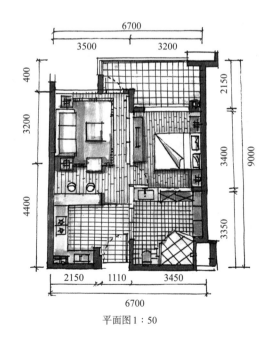

平面图1：50

图6-1　平面图　吴欣彦

各空间的功能分区，交通流线、家具、装饰陈设的摆放与布置等，应考虑满足人的使用要求及对人的行为进行限制，注意线条粗细，标注尺寸及比例。手绘绘制进行马克笔或彩铅上色时注意其形状、线宽、颜色和明暗关系。室内平面图中应表达的内容如下。

（1）墙体、隔断及门窗、各空间大小及布局、家具陈设、人流交通路线、室内绿化等。

（2）标注各房间尺寸、家具陈设尺寸及布局尺寸。

（3）注明地面材料名称及规格。

（4）注明房间名称、家具名称，室内各空间的功能分区及人流交通组织。

（5）注明室内地坪标高。

（6）注明详图索引符号、图例及立面内视符号。

（7）注明图名和比例。

2. 平面图的作用

平面图是室内空间设计的重要组成部分，通过平面图布局的手绘设计，能清晰地反映出空间布局及各功能关系。同时，在平面图上通过标出适当的线宽区分和添加阴影、上色，能更好地把握空间组织、划分空间、交通流线等方面的设计关联性及联系。同时为满足工程预算、施工材料准备以及相关方面（如电暖、排水等）提供相关设计依据。

（二）室内平面图的绘制步骤

（1）选定图幅，确定比例，画出墙体中心线（定位轴线），即画水平方向和垂直方向的定位轴线（图6-2）。

（2）画出墙体厚度，确定门窗位置（图6-3）。

（3）画出家具，要注意比例和整体尺度。按线宽标准要求加深图线。用绘图笔从墙面开始勾画整个空间，用绘图笔画出空间中的家具（图6-4）。

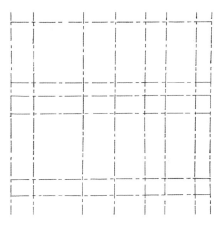

图6-2 定位轴线图 吴欣彦

111

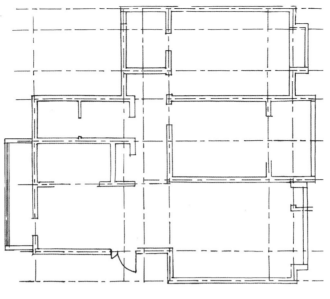

图6-3 墙体轮廓图 吴欣彦

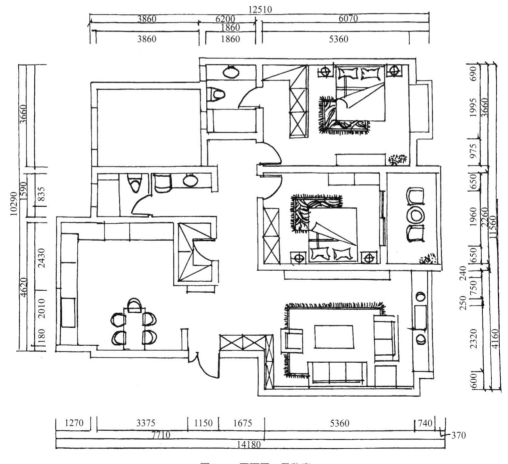

图6-4 平面图 吴欣彦

（4）用黑色（或深灰色）马克笔将墙体上色，凸显承重墙，同时标出空间的主要材质，为平面图上色，并标注尺寸及有关文字说明（图6-5）。

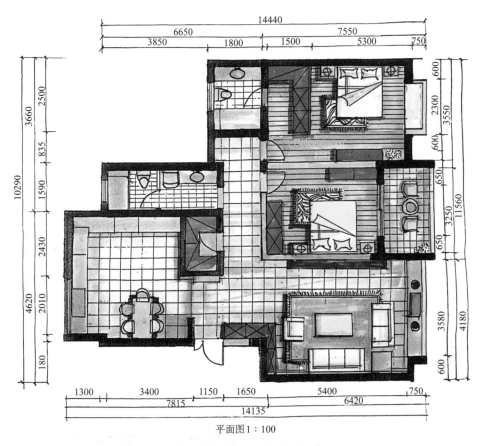

平面图1：100

图6-5 手绘平面图 吴欣彦

（三）室内平面图绘制注意事项

1.把握整体，分清主次

室内主要空间设计创意表达要相对细致，次要空间要简明，即交代色彩倾向，简单勾画纹理即可。

平面图重在体现整体构思，而不是家具样式及空间造型，体现出家具的布局和重点的铺装样式即可，同时通过线宽、颜色和明暗关系，增加平面图的立体感和层次感。

2.重在构思，突出主体

室内平面图的上色，需要突出设计的主体部分，强调其固有色及光感，为较快速地表现效果，一般使用马克笔和彩色铅笔来上色，由浅入深，注意色彩层次过渡和留白。重在体现平面方案设计与空间构思，突出空间氛围（图6-6～图6-8）。

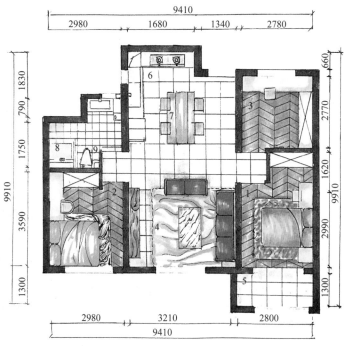

1.主卧　2.客卧　3.书房和画室　4.客厅5.主卧阳台　6.厨房　7.开放式餐厅　8.浴室　9.卫生间

平面图1：100

图6-6　平面图一　梁煜

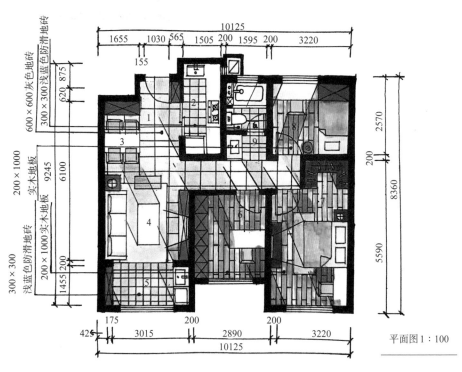

平面图1：100

图6-7　平面图二　梁煜

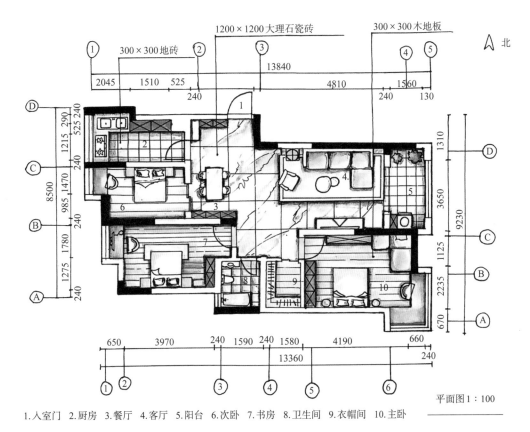

平面图 1:100

1.入室门 2.厨房 3.餐厅 4.客厅 5.阳台 6.次卧 7.书房 8.卫生间 9.衣帽间 10.主卧

图6-8 平面图三 梁煜

二、顶棚平面图

顶棚平面图（又称天花图）的形成方法与平面图基本相同，不同之处是投射方向恰好相反。用假想的水平剖切面从窗台上方把房屋剖开，移去下面的部分，向顶棚方向投射，即得到顶棚平面图。

（一）室内顶棚图表达内容及作用

1.室内平面图表达内容

顶棚平面图主要表示墙、柱、门、窗洞口的位置，顶面造型包括吊顶浮雕、线角等，以及装修构造、灯具设备、空调、通风口、扬声器、烟感、喷淋等设备的位置。顶棚图中应表达的内容如下（图6-9）。

（1）顶棚的造型及材料说明。

（2）顶棚灯具和电器的图例、名称规格等说明。

（3）顶棚造型尺寸标注、灯具、电器的安装位置标注。

（4）顶棚标高标注。

（5）顶棚细部做法的说明。

（6）详图索引符号、图名、比例等。

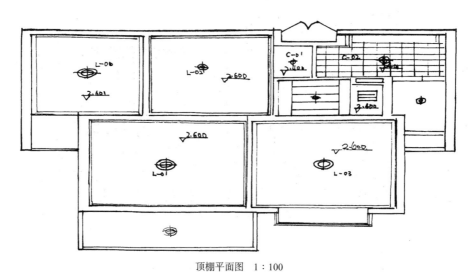

顶棚平面图　1∶100

图6-9　顶棚平面图　吴欣彦

2.顶棚平面图的作用

通过顶棚图手绘设计，能清晰地反映出空间顶面设计构造，准确表达顶面设计要点，加强平立面各功能的关系，从而凸显整个室内空间的风格特点。同时，为满足工程预算、施工材料准备以及相关方面（如电暖、排水等）提供相关设计依据。

（二）室内顶棚图的绘制步骤

（1）定图幅，确定比例。一般用平面图相同的比例，定位轴线位置也与平面图相同（图6-10）。

（2）确定开间、进深、门窗位置。画出顶棚造型，以及灯具、通风口等位置（图6-11）。

（3）标注标高。用绘图笔分图线线型。墙柱轮廓用粗实线，顶棚及灯具造型轮廓用中实线，顶棚装饰用细实线。标注标高，索引符号、图名、比例及有关文字说明（图6-12）。

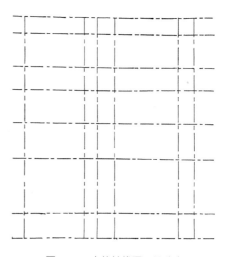

图6-10　定位轴线图　吴欣彦

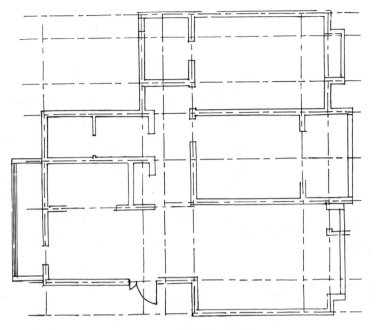

图6-11 墙体轮廓图 吴欣彦

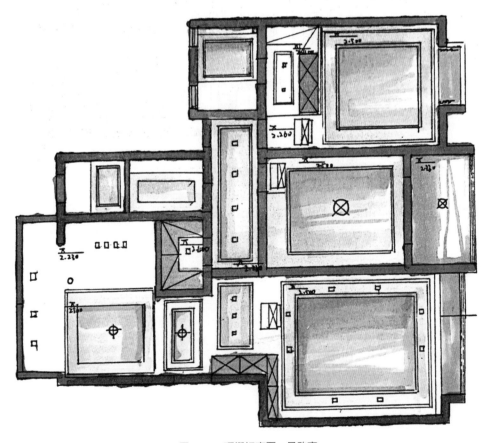

图6-12 顶棚标高图 吴欣彦

（4）顶棚图上色（图6-13）。

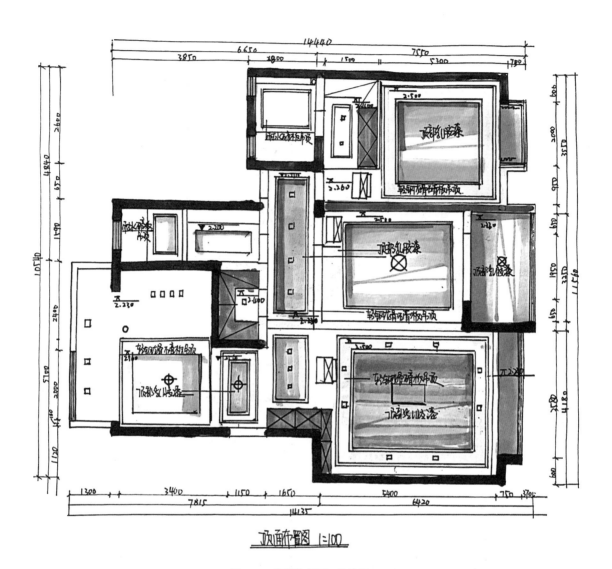

图6-13 顶棚上色图 吴欣彦

（三）顶棚平面图的标注

顶棚平面图的标注包括顶棚底面和分层吊顶的标高，分层吊顶的尺寸、材料、灯具、风口等设备的名称、规格和能够明确其位置的尺寸，详图索引符号、图名和比例等。

第二节　立面设计分析

　　室内设计立面图是以平行于室内墙面的切面将前面部分切去后，剩余部分的正投影图即室内立面图。由于室内空间的垂直面一般情况至少有四个面，按一个固定方向依序画出各墙立面。立面方向标记符号应在平面图中有所体现。

一、室内立面图表达内容、作用和绘制步骤

（一）室内立面图表达内容

　　绘制立面图时，只要将设计空间顶面以下至楼地面以上这段高度和自左墙角到右墙角这段空间内所有的各种门、墙面、家具陈设等表现出来即可。立面图主要反映室内空间各个造型墙面、柱面的装修造型，门窗的形式，墙面施工工艺、材料表现、灯具、挂件、壁画等装饰，如图6-14所示。

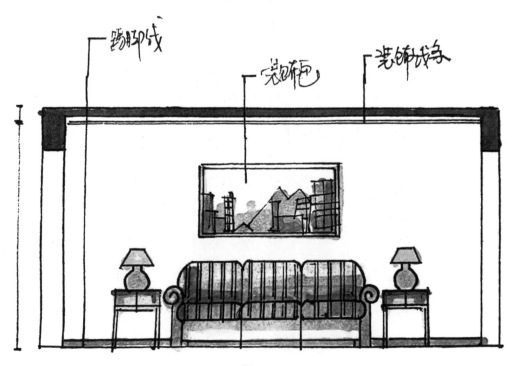

图6-14

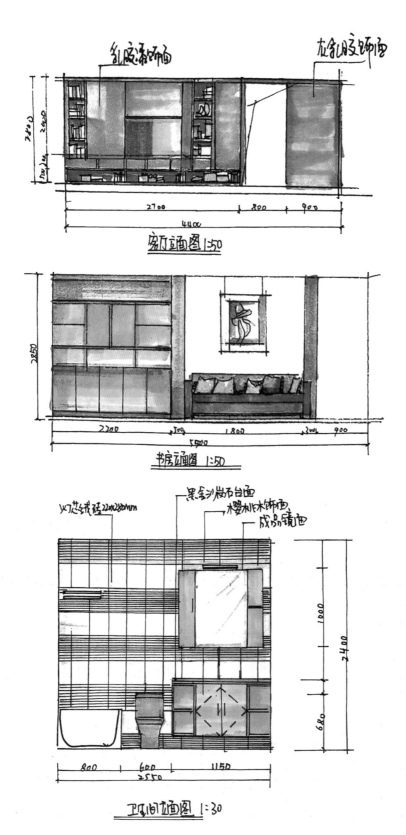

乳胶漆饰面　　　　　　　　　　　　　　　龙金胶饰面

客厅立面图 1:50

书房立面图 1:50

灯芯绒线砖22×28mm　　黑金刹岗石台面　木樱桃红木饰面　成品镜面

卫生间立面图 1:30

图6-14　室内立面图　吴欣彦

立面图的外轮廓线一般用粗实线表示，门窗及墙面的装饰造型用中实线，其他图示内容，如引出线、尺寸标注等用细实线表示。室内立面图常用比例为1∶50、1∶100、1∶20、1∶25、1∶40等。

立面图中应表达的内容如下。

（1）墙面造型、材质及家具陈设在立面上的正投影图。

（2）门窗立面及其他装饰元素立面。

（3）立面各组成部分尺寸、地坪吊顶标高。

（4）材料名称及细部做法说明。

（5）详图索引符号、图名、比例等。

（二）室内立面图的作用

室内立面图是主要反映室内空间各个造型墙面、柱面的装修造型，门窗的形式，整个室内风格和造型创新设计要体现在立面图上。立面图是展现室内设计构思的竖向设计，也是室内立面施工的重要依据之一。

（三）室内立面图的绘制步骤

（1）选定图幅，确定比例。画出地面、顶棚、墙柱造型轮廓线，画出顶棚剖面轮廓线（图6-15）。

（2）画出家具、陈设立面。用绘图笔分图线线型。墙柱、楼板、顶棚剖面等轮廓用粗实线，墙柱造型轮廓用中实线，陈设装饰用细实线（图6-16）。

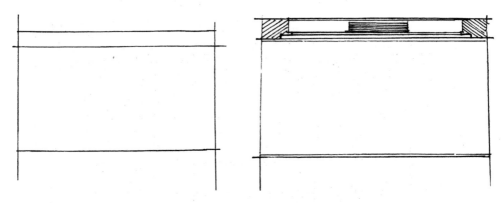

图6-15　立面图幅　吴欣彦　　　　　　图6-16　立面细化　吴欣彦

（3）标注标高。标注尺寸、索引符号、剖切符号、图名、比例及有关文字说明（图6-17）。

（4）为立面图上色（图6-18）。

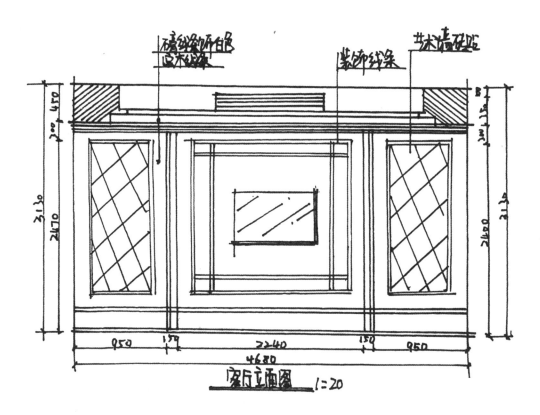

图6-17 标注标高 吴欣彦

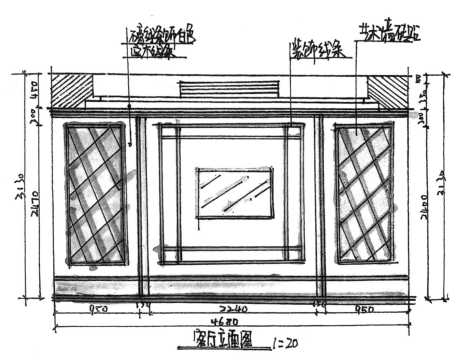

图6-18 立面上色 吴欣彦

二、立面造型设计

室内手绘表现快速表现技法的创作主要解决的是立面造型设计。因为立面是室内空间装饰的重点，是人进入室内空间后第一印象。在室内空间四个围合立面中，要有一个立面在造型形式、设计美感方面更加突出（图6-19），即整个室内空间的视觉核心和中心部分。这也体现设计师的设计理念和艺术修养。

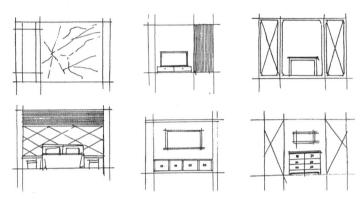

图6-19 立面造型图 吴欣彦

手绘立面造型创作时，只需绘制二维图形即可，表现墙面装饰造型形式、家具陈设时不带有透视效果，如墙面的造型有变化，就利用阴影来体现其凹凸感。立面图上应清晰标注尺寸和文字，同时标注标高，注意细节。手绘立面图时，上色不宜太多太乱，主要把控大体的主次关系和明暗变化。

室内立面图设计基本原则与规律，可以通过材质的运用和线型的分割来完成。材质运用通过单材质、两种或两种以上的材质组合。可用水平分割、垂直分割、交叉分割、直线和弧线分割、混合分割等完成线型的分割，根据需要而定（图6-20）。

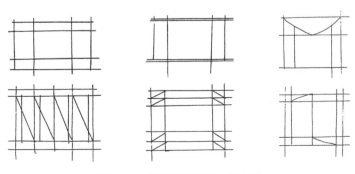

图6-20 立面分割造型图 吴欣彦

对于主立面造型手法也可以按照形式美法则来进行设计，如对称、重复、对比、渐变、解构等（图6-21）。

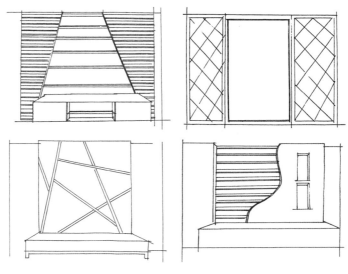

图6-21　立面造型形式　吴欣彦

（一）对称

对称是指沿中轴线使两侧的设计相同或相近。对称是一种设计在视觉上达到平衡、协调一致的设计手法。

（二）重复

重复是指相同或相似的形式连续反复地出现。重复可以使设计表现出节奏美和韵律美。

（三）对比

对比是指使形象之间产生明显差异的设计手法。对比可以通过大小、长短、形状、软硬材质、色彩等形式表现出来。

（四）渐变

渐变是指形象按照一定的规律逐渐变化的设计手法。渐变可以通过形状、大小、方向、位置、色彩等形式表现出来。渐变可以增强形象的节奏美感，让整个设计充满秩序感。

（五）解构

解构是指运用创新的设计理念来分解和重组形体，创造新形象的设计手法。解构可以打破传统的均衡构图形式，使形象更加独特，充满活力。

第三节　平面转透视

透视图是室内手绘表现中尤为重要的环节，也是一个理论性较强的知识点，掌握一点透视和两点透视在实际设计的应用，把握好视平线高度和视点的位置，可以熟练地掌握创建空间的透视画法，更出色地表现出空间的设计主题。常用透视方法是距点法和网格法，下面通过这两种方法，讲解一点透视和两点透视的平面图转透视图的作图法。

透视图的实质是表现各种线段在纵深关系中的距离与长度的变化。在透视关系中，不同透视方向的线段有两种，一种是与画面呈垂直关系的线段，另一种是与画面呈倾斜关系的线段。有关测定与画面垂直的线段透视长度的方法称距点法，测定与画面倾斜的线段透视长度的方法称测点法，也称量点法。距点法与测点法实质上是一种方法，一个原理。网格法，是在距点法的基础上完成的。

一、一点透视

（一）由外向里

已知卧室的地、顶平面图和立面图，如图6-22所示。

图6-22　已知户型信息图　吴欣彦

（1）画方形网格。在平面图上按尺寸画出正方形网格（每格代表500mm）。

（2）定长、宽、高。在图纸上按比例画出图框（房间装修后高度为2.5m、长度为3.5m、深度为4m），在1.7m左右定出视平线HL，确定心点CV和距点D_1（这里距点的位置约等于画面的长度）（图6-23）。

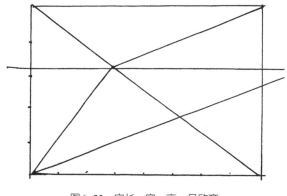

图6-23　定长、宽、高　吴欣彦

（3）作出室内地平面网格图。通过距点向画框角连线（对角线），由CV向画框各尺寸点连线，与对角线相交得到各点，再作水平线，作出室内地平面图网格的透视（图6-24）。

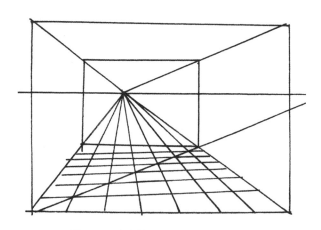

图6-24　室内地平面图网格图　吴欣彦

（4）定出墙壁、门窗、家具等在透视网格中的位置。根据平面图中墙壁、门窗、家具等所在网格的位置，利用透视图中局部的简捷画法，尽可能准确地定出墙壁、门窗、家具等在透视网格中的位置，画出整个室内环境透视平面，并分别画出横平线、竖垂线（图6-25）。

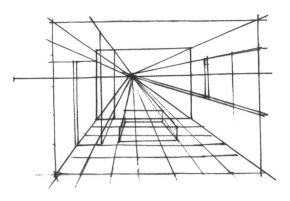

图6-25 家具定位透视图 吴欣彦

（5）完善家具的空间透视。在视平线上按家具的尺寸向消失点引透视线，找到家具所放置的位置，再作垂直线，作出家具在空间的透视（图6-26）。

图6-26 完善空间透视 吴欣彦

（6）上色，完善画面（图6-27）。

图6-27 上色 吴欣彦

127

（二）由里向外

（1）作出透视空间。根据需要画出房间内框，定出消失点 V_1，过 V_1 点做直线定视平线，并由 V_1 点分别向房间内框作透视线，空间内框基线向左延长，并把进深的尺寸量在上面，确定空间进深的点后处向上引垂线，在视平线上相交得距点 M，过 M 点做基线延长线各个点的直线，相交消失点与内框连线的延长线上，即作出透视空间。其余作图步骤与前面所讲的"由外向里"的作图方法相同（图6-28）。

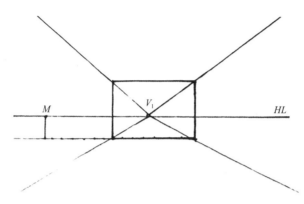

图6-28　一点透视空间框架图　吴欣彦

（2）作出透视地网格。由消失点分别作透视线，即连接消失点和空间进深上个各个点，作出透视地网格。在地网格中找出家具等的平面位置，并画出空间主要物体的正投影及物体之间的关系（图6-29）。

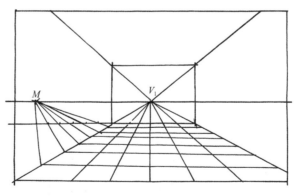

图6-29　透视地网格图　吴欣彦

（3）作出室内成角透视图。由内框线定出天花板等高度尺寸，向消失点连线，画出空间主题结构及细部，即作出室内成角透视图（图6-30）。

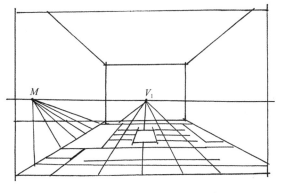

图6-30 室内成角透视图 吴欣彦

（4）运用正投影绘制物体。在地面网格中，画出空间主要物体的正投影，确定物体之间的透视关系（图6-31）。

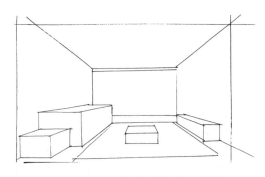

图6-31 运用正投影绘制物体 吴欣彦

（5）平面投影转化为立体体块。通过两个透视点，把平面投影转化为立体体块，注意透视比例及高差，确保整体协调一致（图6-32）。

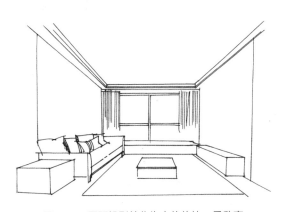

图6-32 平面投影转化为立体体块 吴欣彦

（6）细部刻画。对整个空间进行细部刻画，注意物体造型的塑造，把握透视及明暗关系（图6-33）。

图6-33　细部刻画　吴欣彦

（7）上色。进行马克笔上色，注意色彩纯度的过度、明暗关系、近实远虚的处理（图6-34）。

图6-34　上色　吴欣彦

二、两点透视

（一）求点 M_1、M_2 方法一

（1）定出真高线（墙角线 AB），作出视平线 HL。根据画面需要，过 A、B 两点作出两面墙的透视，并在 HL 上得到 V_1 和 V_2 两个消失点。

（2）找出 V_1、V_2 的中点 O，画弧交 AB 延长线于 C 点。

（3）以 V_1 点为圆心，V_1 点至 C 点为半径画弧相交于 HL 得点 M_1；以 V_2 为圆心，V_2 点至 O 点为半径画弧相交于 HL 得 M_2（图6-35）。

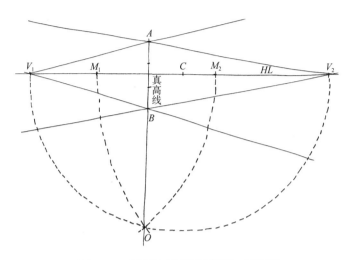

图6-35　两点透视空间框架图　吴欣彦

（二）求点 M_1、M_2 方法二

（1）定出真高线（墙角线 ab），作出视平线 HL。根据画面需要，过 a、b 两点作出两面墙的透视，并在 HL 上得到 V_1 和 V_2 两个消失点。作平行于 HL 的任意一条水平线 AB。

（2）以 AB 为直径作半圆与真高线 ab 延伸线相交于 O。

（3）以 AO、BO 作圆弧，交于任意水平线上的两点。

（4）这两点分别通过 b 点延伸到 HL 上，即得到 M_1、M_2（图6-36）。

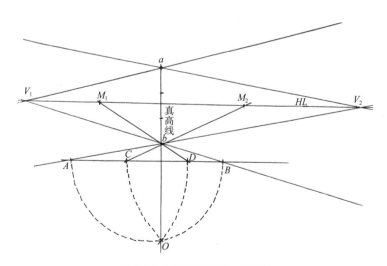

图6-36　空间框架细图　吴欣彦

（三）用量点法作室内成角透视图

（1）地网格图绘制。过两个消失点作出视平线，确定量点 M_1 和 M_2，过下墙角线做基线，并把进深尺寸量在上面。分别用量点 M_1、M_2 向基线的各点引线，并在两个消失点的透视延长线上交得各点。再由两消失点分别作透视线，即连接消失点和空间进深上个各个点，作出透视地网格（图6-37）。

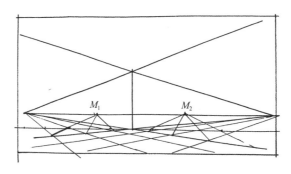

图6-37 地网格图 吴欣彦

（2）室内成角透视图。由真高线定出天花板等高度尺寸，分别向左右消失点点连线，画出空间主题结构及细部，即作出室内成角透视图。在地面网格里，画出空间主要物体的正投影，确定物体之间的透视关系（图6-38）。

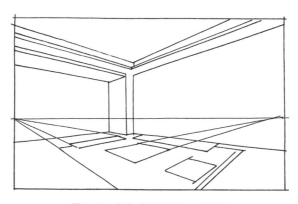

图6-38 室内成角透视图 吴欣彦

（3）平面投影转化为立体体块。通过两个透视点，把平面投影转化为立体体块，注意透视比例及高差，确保整体协调一致（图6-39）。

（4）空间细部塑造。对整个空间进行细部刻画，注意物体造型的塑造，把握透视、明暗关系（图6-40）。

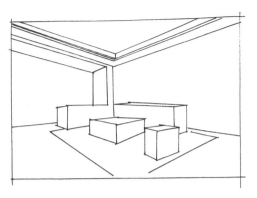

图6-39 平面投影转化为立体体块 吴欣彦

图6-40 空间细部塑造 吴欣彦

（5）上色。进行马克笔上色，注意色彩纯度的过度及明暗关系，近实远虚的处理（图6-41）。

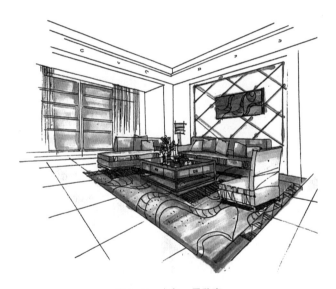

图6-41 上色 吴欣彦

第四节 室内空间手绘设计

一、手绘创作风格

不同室内风格的形成都不是偶然的，是受不同时代和地域的特殊条件，经过创造性的构想而逐渐形成的，是与各民族、各地区的自然条件和社会条件紧密相关的。室内空间也因为不同的观念和设计思维有了不同的风格定位。目前室内设计的发展已相对成熟，在对空间格局、陈设艺术和材质肌理等审美要素不断更新的过程中，出现了众多经典样式和室内设计风格，具有代表性的主要有以下几种。

（一）中式风格

中式风格是一种室内装饰以中国传统文化为核心，体现中国传统文化和设计理念的风格样式。中式风格的室内设计在室内整体布置、色调家具、陈设造型等方面，将中国传统文化经典元素提炼并加以丰富，营造出朴实典雅、简单大气、极富内涵的空间效果。中式风格作为中华文化的独特印记，在手绘技法中也展现得淋漓尽致。中式元素中如花鸟、山水、书法等，可以根据空间的功能和氛围需求，巧妙运用在墙面、隔断或家具上。手绘图案的色彩和线条要与整体设计风格相协调，营造出温馨、雅致的环境。

中式风格室内内部空间，多采用对称布局来展现其独特的魅力。这种对称不仅是简单的左右或上下对称，更多的是一种空间布局的平衡和和谐。

例如，在客厅的设计中，可以通过手绘的壁画或屏风来分割空间，使左右两侧的布局呈现出对称的美感。这种对称不仅使空间显得宽敞明亮，还给人一种稳重、典雅的感觉，确保了画面的平衡与稳定性。手绘表达上，线条讲究流畅、简洁而有力。线条的粗细、浓淡、快慢都透露出设计师的心境与气质。构图上，中式风格注重"意境"的营造，通过巧妙的布局和虚实结合的手法，展现出深远的空间感。

中式风格室内空间彩色稳重内敛，注重色彩间的平衡与和谐。通常会采用淡雅的色彩作为主色调，以营造出一种清新、自然的氛围。同时，会适当运用一些深色调或亮色调来点缀空间，形成色彩上的对比和呼应。如中国红、琉璃黄等，为空间增添一抹亮色。这种色彩的平衡与和谐，既体现了中式风格的稳重与内敛，又展现了现代设计的简约与时尚。

手绘技法可以在各种材质上表现出色，如木质、器皿、玻璃等。手绘技法常用于木质家具的装饰，如在木质表面绘制花卉、藤蔓等图案，使家具更加自然、清新。此外，手绘技法还可以用于玻璃器皿的装饰，如在玻璃上绘制抽象图案或色彩斑斓的花朵，为空间增添更多的艺术气息。

中式手绘中常出现传统元素和图案，如梅兰竹菊、龙凤呈祥、云水纹、回字纹等。这些元素是对传统文化的传承和弘扬。传统元素可以是中式建筑中的元素，如窗花、格子、装饰纹样等，也可以是中式家具中的元素，如雕花、镶嵌、镂空等。这些传统元素的运用不仅使空间充满了中式风格的韵味和气息，还能与现代设计元素相互融合，形成一种独特的设计风格（图6-42）。

图6-42 中式风格 吴欣彦

（二）欧式风格

欧式风格在家具陈设、元素符号、材质中的表现是多方面的，可以通过色彩、图案和线条的运用，为室内空间增添艺术感和个性化。同时，手绘技法的运用也需要根据具体的空间布局和风格特点进行灵活调整和创新设计，以达到最佳的装饰效果。

欧式风格的家具陈设通常展现出优雅、精致的特点。于手绘技法上，要特别关注家具的细节描绘，如雕花、线条、装饰等，欧式风格室内造型繁复，精雕细刻，常采用石膏装饰线条、木装饰线条、大理石、墙布等材料，以展现出欧式家具的精致和华丽。

欧式风格的室内设计中，常运用各种元素符号来强调风格的独特性。这些元素符号可能包括拱形门洞、罗马柱、壁炉、雕塑等。在手绘时，要特别关注这些元素符号的表现，注重细节和比例的准确性，以呈现出欧式风格的独特韵味。

欧式风格的室内设计常运用各种材质来营造空间的质感和层次感。手绘时，要注意表现出各种材质（如木质、石材、金属等）的纹理和质感。通过细腻的笔触和色彩的处理，使画面呈现出丰富的材质感和层次感。

欧式风格的室内色彩通常以温暖、柔和的色调为主，如米色、淡黄色、浅灰色等。在手绘时，要注重色彩的和谐与平衡，同时要注重色彩对比的运用，以突出室内的各个区域。此外，还可以运用色彩的明暗变化和渐变效果来营造空间感和立体感（图6-43）。

图6-43 欧式风格 吴欣彦

（三）现代简约风格

现代简约风格在室内设计上追求简洁明快，线条利落，色彩优雅。简约风格以塑造唯美的、有品位的风格为目的，摒弃一切无用的细节，保留生活最本真、最纯粹的部分，讲究材料的质地、精细的工艺和室内的通透性，是一种将设计简化到本质，从而强调其内在魅力的风格样式。

家具陈设的手绘技法需要突出线条的流畅和形体的简洁。家具的轮廓应以清晰、利落的线条表现出来，避免过多的装饰和细节。陈设方面，应选择简洁而具有设计感的物品，如简洁的挂画、雕塑等，通过手绘技法将这些物品的形态和质感表现出来，以呈现出简约而不失艺术感的氛围。

现代简约风格中，常运用一些简洁的元素符号来装饰空间，如线条、几何形状等。手绘技法可以通过强调这些元素符号的形态和排列方式，来营造简约而富有设计感的氛围。例如，可以用简洁的线条来勾勒出墙面的结构，或者用几何形状来装饰墙面或地面。

现代简约风格注重材质的选择和运用，常见的材质有玻璃、金属、木质等。手绘技法需要表现出这些材质的质感和特性，如玻璃的透明感、金属的光泽感、木质的温润感等。可通过细腻的笔触和色彩的处理，使画面呈现出材质的质感和层次感。

现代简约风格通常采用简洁而明快的色彩搭配，如米色、灰色等。手绘技法需要运用这些色彩来营造出简约而明亮的氛围。在色彩的处理上，应注重色彩的搭配和对比，以突出空间的层次感和设计感。同时，也可以运用一些鲜艳的色彩来点缀空间，增加空间的活力和趣味性。

二、室内设计手绘表现

（一）门厅手绘表现

进入室内住宅空间，入口处设有门厅，有的空间是单独设立，有的空间是客厅的一部分。门厅是进入室内空间的缓冲区域，也是进入室内后的第一场所，为来访者了解居住者的生活方式的第一印象。因此在室内设计中有着不可忽视的地位和作用（图6-44）。可以增加户型与方案造型形式，具体设计包含以下几个方面。

（1）玄关。设置隔断或屏风，用以遮挡厅内空间。

（2）储藏功能。摆放外出随身用品，或放置鞋柜和衣架。

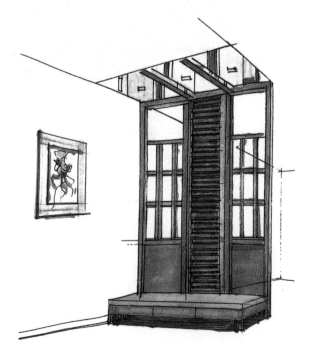

图6-44 门厅手绘图 吴欣彦

137

（3）装饰作用。通过色彩搭配、材料、灯光照明和造型设计的综合设计使门厅看上去更加美观、实用，形成一个视觉中心。

（二）客厅手绘表现

室内空间中客厅是家庭空间单元中最重要的活动场所，住宅中活动最集中的公共区域，是室内居住者娱乐休闲的场所，是使用频率最高的区域。客厅设计的好坏主要体现在主题墙的设计上，设计个性鲜明的主题墙，直接反映出居住者的文化品位、展现主人的涵养。主题墙一般和电视背景墙结合，通过造型设计、材质选择及精细工艺形成具有美学价值的背景墙（图6-45）。

图6-45 客厅手绘图 吴欣彦

（三）卧室设计手绘表现

卧室是人们休息和睡眠的场所，是室内空间单元中较私密的空间，要满足休息和睡眠的要求，营造安静舒适的氛围。另外，卧室还具有存放衣物、梳妆、阅读等功能。所以主卧室宜采用和谐统一的色彩，暖色调可作为主色调。一般使用低纯度、低彩度的色彩。儿童卧室是孩子成长和学习的场所。在设计时要充分考虑孩子的年龄、兴趣、性别、性格特征等，围绕孩子特有的天性来设计。设计儿童卧室时应考虑孩子不同时期不同年龄阶段的性格特点，针对孩子不同阶段、不同年龄阶段的生理、心理特征来进行设计（图6-46~图6-48）。

图6-46　卧室手绘图一　吴欣彦

图6-47　卧室手绘图二　吴欣彦

图6-48　卧室手绘图三　吴欣彦

（四）餐厅和书房设计手绘表现

1.餐厅

餐厅是家人用餐和宴请亲友的主要场所，更是家人交流情感的场所。在手绘室内餐厅设计时，首先需明确空间布局规划。通过手绘草图，展示餐厅的入口、餐桌区域、通道、厨房等关键区域的布局。确保空间流畅，既方便服务又保证顾客的舒适度。手绘表现中可以通过线条的粗细、虚实来区分不同的空间区域，展示空间的层次感和立体感。

在餐厅设计中，可以根据不同区域的功能需求选择合适的材料，并通过手绘表现将其质感表现出来，从而增强设计的真实感和质感体验。

可以通过色彩的运用来营造餐厅的氛围和风格。例如，温暖的色调可以营造舒适的用餐环境，冷色调则可能带来现代感。手绘时，可以运用不同的色彩搭配方案，尝试不同的组合，找到最适合餐厅设计的色彩搭配。

通过手绘表现，可以示意出家具的摆放位置和样式，从而确定餐厅的座位布局。手绘时要考虑家具的尺寸、造型以及其与周围空间的关系，营造出舒适的用餐环境。

装饰元素是提升餐厅设计品位和特色的关键。手绘表现时，可以通过绘制各种装饰元素，如挂画、摆件、绿植等，来点缀餐厅空间，但这些装饰元素的选择和布置要考虑到餐厅的风格和主题，以及顾客的视觉体验。

餐厅的设计风格是其独特魅力的体现。在手绘过程中，要通过线条、色彩、材质等元素的运用来呈现餐厅的风格特色。无论是现代简约、田园风还是复古风格，手绘技法都能通过独特的表现方式将其特点展现出来，使设计更具个性和吸引力（图6-49）。

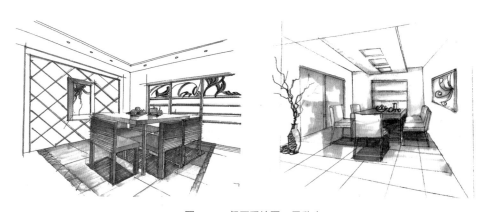

图6-49　餐厅手绘图　吴欣彦

2.书房

书房是学习、工作和阅读的场所，也是体现居住者职业特征、文化审美的空间。书房一般应选择明亮、通透、独立的空间，以便营造安静的环境。书房的家具有书桌、座椅和书架或者置物架等。书房形态可布置成单边形、双边形和 L 形。单边形书房设计是指书桌、书柜一体式，这样布置较节约空间；双边形书房设计是将书桌与书架平行排列，中间以座椅来分隔，这样布置更加节约空间，同时方便拿放书籍；L 形书房设计是将书桌与书柜以 L 形布置，这样布置既便于使用，又节约空间。

通过手绘技法，能够生动地展现出室内书房的位置与布局、装修与设计、家具与配置、安静度与隔音和装饰与风格等方面的特点。通过细腻的线条、柔和的光线和丰富的细节表现，可以更加深入地感受到书房的温馨与宁静。

手绘表现书房设计时，注重色彩和材质的表现。使用淡雅的色调，如浅灰、米白或木纹色，营造出宁静的阅读氛围。对于天花板和地面，则可以使用细腻的线条和阴影，表现出材料的纹理和质感。

手绘家具时，要抓住其形状和特点。书桌通常为长方形的轮廓，线条简洁明了；椅子则有多种样式，可以是传统的木椅，也可以是现代的布艺椅；书架的绘制要注重层次和细节，展示出书籍的摆放和分类。

在绘制照明时，可以画出窗户和台灯的位置，用柔和的光线渲染出室内的氛围。通风则可以通过画出门窗的开启状态，以及窗帘的飘动来体现。手绘书房的装饰与风格时，要注意与室内整体风格的协调。可以通过绘制一些特色的装饰物、挂画或绿植等来展现书房的个性与艺术感。同时，要注重细节的表现，如窗帘的款式、地毯的纹理等（图6-50）。

图6-50　书房手绘图　吴欣彦

（五）厨房和卫生间设计手绘表现

1.厨房

在表现厨房设计时，首先要掌握基本的绘画技巧，如线条的流畅、阴影的层次、色彩的搭配等，确保绘制的厨房设计图具有立体感和空间感。可以通过独特的布局、个性化的装饰元素和富有创意的材质来打造独一无二的厨房空间。同时，要注意保持设计的实用性和舒适性，确保厨房既美观又实用。

在绘制厨房设计图时，布局规划至关重要。厨房的布局一般有单边形、L形、U形和岛形等类型。单边形适用于较小的空间，是一种单边靠墙式的布局，它把存储区域、洗涤区域和烹调区域配置在同一面墙的方向，可以节约空间，其缺点是工作效率低下。要充分考虑厨房的空间大小、功能需求和使用习惯，合理规划洗涤区、烹饪区、储物区等。手绘时，可通过简单的线条勾勒出各区域的轮廓，再逐步细化。

厨房设计中的材质与色彩选择对整体氛围的营造具有重要影响。手绘时，要注意表现不同材质的纹理和质感，如瓷砖的光滑、木材的温润等。色彩方面，可根据整体室内风格和个人喜好来选择，同时要考虑色彩的搭配和对比，营造出舒适、和谐的厨房环境。

光线与阴影的处理是手绘技法中的一大难点。在绘制厨房设计图时，要关注自然光和人工光的照射方向和强度，合理运用阴影来增强空间感和立体感。同时，要注意阴影与材质的结合，以使画面更加逼真。

手绘技法下的厨房设计要注重整体风格的呈现。在手绘设计过程中，要明确整体的设计风格，如现代简约、田园风等，并确保所有元素和细节都符合这一风格。手绘时，要注意色彩的搭配和材质的质感表现，以营造出符合设计风格的厨房环境（图6-51、图6-52）。

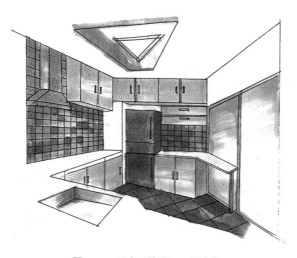

图6-51　厨房手绘图一　吴欣彦

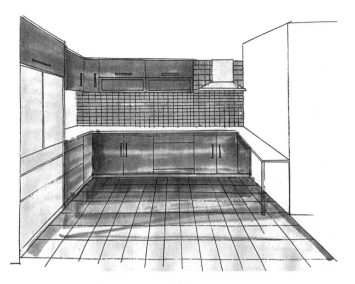

图6-52　厨房手绘图二　吴欣彦

2.卫生间

卫生间是家庭生活设计中个人私密性最高的场所，也是缓解疲劳、舒展身心的地方。现代化的卫生间集休闲、保健、沐浴和清洗于一体，在优美的环境中让人的身心得到放松。在手绘表现室内卫生间设计时，可以用布局规划、色彩材质、光装饰元素细节、风格主题设定等手绘表现技巧，转化为具体的视觉效果，为卫生间设计提供有力的支持。

卫生间的布局应考虑到空间的合理利用和流线的便捷性。通过手绘草图，可以初步规划卫生间的功能区域，如淋浴区、马桶区、洗漱区等。在规划过程中，要考虑到使用者的行为习惯和人体工程学原理，确保空间的舒适性和实用性。

卫生间的色彩选择应遵循清新、干净的原则，以白色、灰色、浅蓝色等色调为主。材质方面，应选择防水、防滑、易清洁的材料，如陶瓷、玻璃、石材等。手绘表现技巧上可以通过色彩和材质的渲染，展现出卫生间的质感和氛围。

光线与照明设计对卫生间的整体氛围至关重要。通过手绘草图，可以用技法打造反光、透光的效果，选择合适的灯具和光源，营造出温馨、舒适的氛围。

卫生间的装饰元素和细节处理可以为空间增添特色和个性。手绘表现技巧上可以通过绘制装饰画、壁纸、瓷砖等元素，展现出独特的风格和主题。在细节处理上，要注意材质的过渡和衔接，以及装饰元素与整体风格的协调。

卫生间的风格与主题设定是设计的灵魂。手绘表现技巧上可以通过绘制具有代表性的图案和元素，展现出设计师想要表达的风格和主题，如现代简约、田园风格、地中海风情等（图6-53、图6-54）。

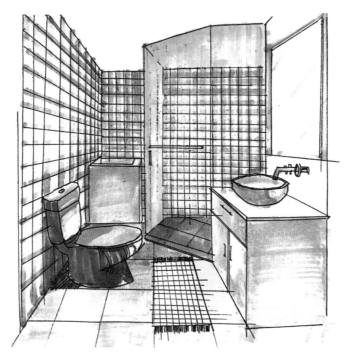

图6-53　卫生间手绘图一　吴欣彦

图6-54　卫生间手绘图二　吴欣彦

·第七章·

室内快题解析与作品欣赏

现在室内专业的快题设计表现大多会跟社会热点问题紧密相连，可以从空间类型和命题类型上对常见的种类进行总结。本章侧重讲解居住空间手绘设计表现，其他类型了解即可。

第一节　快题类型

一、居住空间

空间类型上第一大类就是住宅类。这类空间往往并不会单单指向居住的民用住宅，更多的是为公寓、合租房、样板间等进行一空间多类型设计，或者为解决某些难题而进行改造等。考验学生充分灵活地运用住宅类空间专业知识的能力，进行思维的拓展和发散。

（一）居住空间的设计要点

在进行方案设计时，要根据业主的不同需求进行设计，对空间进行合理的变换分割，切实满足需求。

1.客厅保持开放性与稳定性

客厅是室内空间中的重要组成部分，也是设计的要点。客厅的核心区域由一组沙发、茶几、座椅和电视柜围合而成。作为整个家的中心，需要精心设计、精心选材，以充分体现主人的身份和品位。客厅的设计与表现在快题设计中必不可少，由于位置的特殊性，在设计时要保持空间的开放性，同时避免斜穿式设计破坏空间的整体性和稳定性。

2.玄关具有实用性与艺术性

玄关是入宅后的第一个区域，也是室外与室内的过渡区域。它在整个空间中起着不可替代的作用。玄关可以用来简单地接待客人、换鞋、放包等，可设置放钥匙等的小物品台。

玄关的设计要和整体空间协调，避免造成来往不便或者堵塞。在保持整体形式美的原则下充分考虑实用性，可以选用造景的手法给人以想象的空间。

3.餐厨设计灵活性与氛围感

餐厅的位置需要考虑到厨房的区域。常见的有一字形、L形、U形等。餐厅可分为独立式、与客厅相连式和厨房兼餐厅式。在快题设计中应该把握住宅的风格，营造清新、淡雅、温馨的环境，采用暖色调、明度高的色调，以烘托餐厅的特性。

（二）居住空间快题设计案例赏析

居住空间设计，装饰风格要与业主的地域特点、文化背景、生活需要相联系，选取适合的主题元素运用到室内陈设中，平面布局、立面设计要符合规范要求（图7-1、图7-2）。

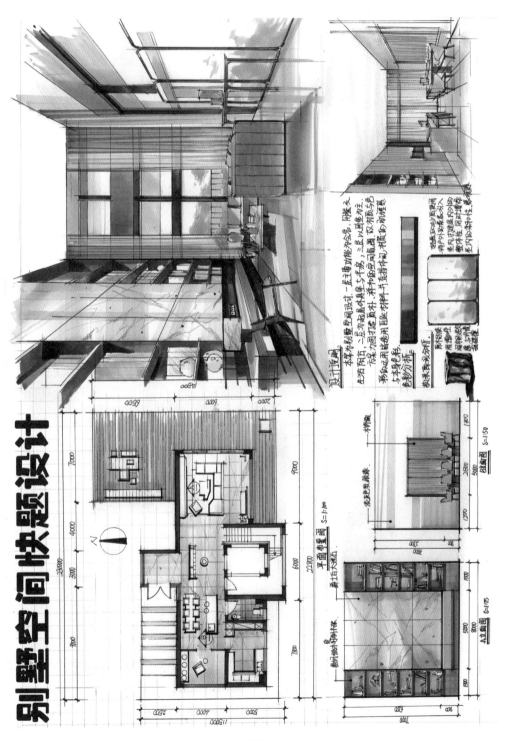

图7-1

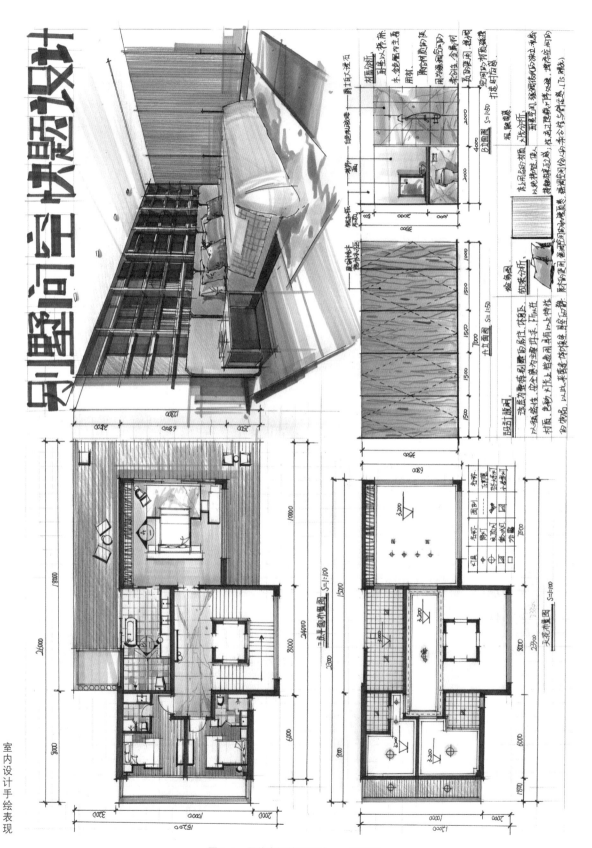

图7-1　居住空间快题设计一　胡珊珊

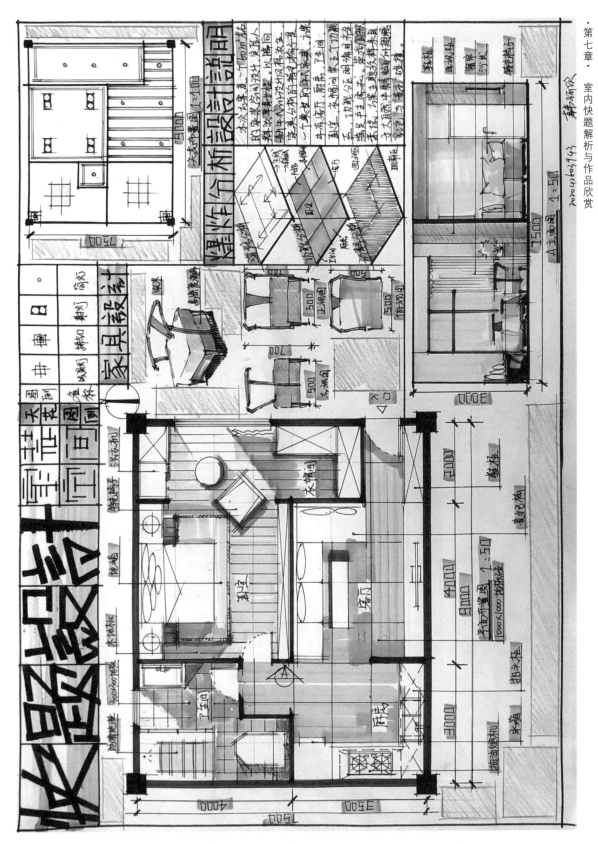

图7-2

图7-2 居住空间快题设计二 韩珂欣

二、餐饮空间

餐饮空间与我们的生活关系密切，相对于其他空间，餐饮空间对于品牌和文化内涵的体现更直观。随着人们生活水平的提高，餐饮空间也成为商务应酬、聚会、日常交往等的重要场所，设计师通过对空间的设计，营造空间氛围，可以为商家和消费者提供一个很好的平台。

（一）餐饮空间的设计要点

餐饮空间根据面积的大小一般分为大型、中型、小型。小型餐饮空间一般在100m²以内，中型一般在100~500m²，大型在500m²以上。按照性质的不同一般分为中式餐厅、西式餐厅、风味餐厅、自助餐厅、快餐厅、宴会厅、咖啡厅、甜品店等。

1.区分空间主次

餐饮空间主要由餐饮区、厨房区、门厅、卫生设施、休息区等功能空间构成。餐饮空间的主次顺序为用餐空间、厨房空间、服务空间。用餐空间包含散座区、卡座区、包间等，厨房空间包含加工区、清洗区，服务空间包含门厅、等候区、卫生间、衣帽间等。

中餐、西餐等正餐厅的厨房区面积比例为20%~40%，并根据座位数增减；咖啡厅、茶室等非正餐厅的厨房比例为18%~30%。

2.确保流线畅通

餐饮空间的顾客流线和员工流线应尽可能合理，还需要根据所在区域，注意尺寸设计，如门厅区域人流量大，入口需宽些，以避免人流阻塞。大型的较正式的餐厅可设客人等候席。

3.合理摆放座椅

正餐厅以四人座、六人座为主，沙发卡座为辅，结合少量双人座，座区一般靠近窗户，因此可以选择一些结构复杂的窗户来丰富立面图；茶室、咖啡厅、甜品店等，以双人座、四人座为主；各类包间需要用大圆桌。

4.创意设计前台

前台背景墙设计需要切合主题，有亮点，刻画要充分。可适当选择有特色造型的灯具，营造空间的氛围感。

（二）餐饮空间快题设计案例赏析

近年来，主题餐厅尤其受到欢迎，考试出题的频率也较高，如地中海风格餐厅、新中式茶室等，在进行设计时，应尽量达到空间实用性、经济性、艺术性的完美结合（图7-3~图7-5）。

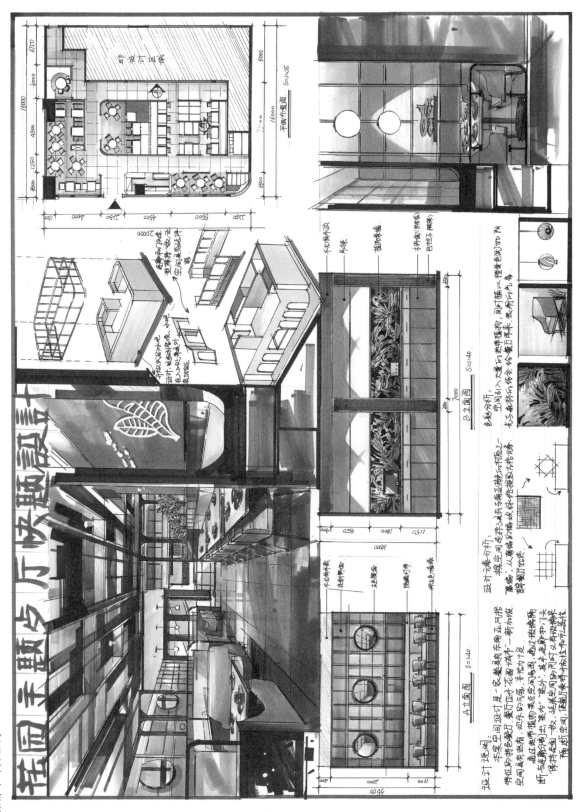

图7-3 餐饮空间快题设计一 胡珊珊

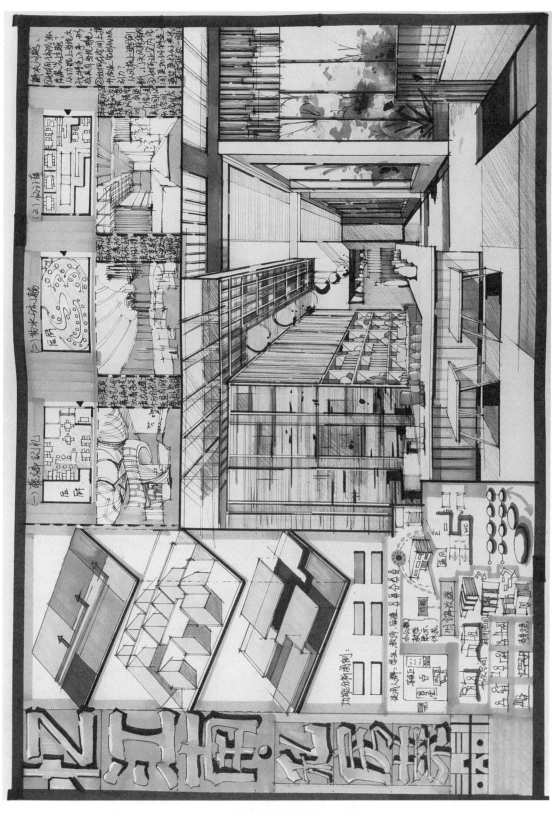

图7-4　餐饮空间快题设计二　凌彬

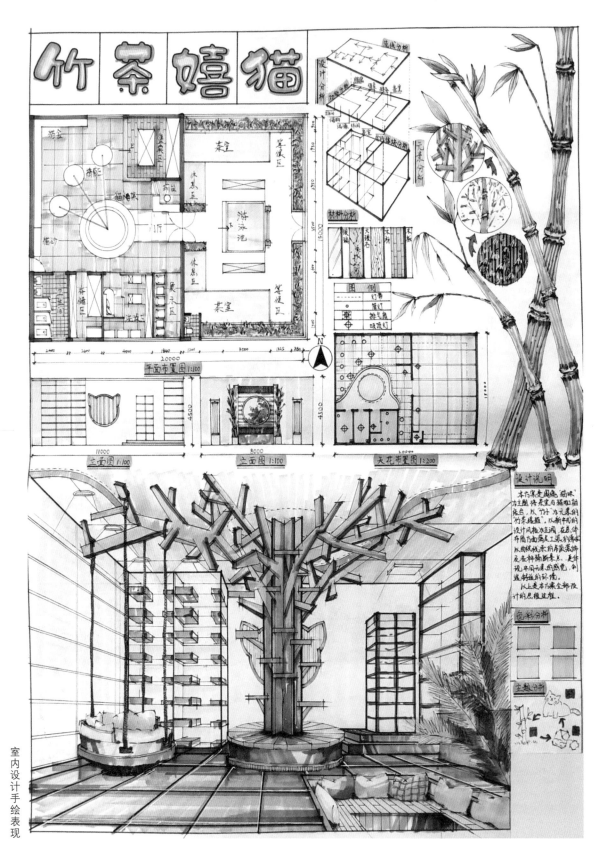

图7-5 餐饮空间快题设计三 韩珂欣

三、办公空间

办公空间是为了处理一些特定事物或者提供一些服务的场所，一般可以分为行政办公空间、商业办公空间、综合性办公空间等。在设计此类空间时要让身在空间的人有积极向上的感觉。随着现代社会的发展，"绿色办公"成了一种新的流行趋势。

（一）办公空间的设计要点

在快题方案考察办公空间设计时，常会考"设计师工作室设计"，这种个性化的空间一般采用不规则的摆放方式，类型灵活多变，色彩以和谐淡雅为主，注重特殊空间的特性表达以体现设计作品的独特魅力。

办公空间一般分为资料室、档案室、打印室、会议室、茶水间、接待处、洽谈处、休息区等，在设计不同功能分区时，要严格按照人体工学中提到的人体常用尺寸设计符合人体使用习惯的空间。

1.灵活开放

办公空间的最大特点是公共化，公共区域是设计的核心，减少公共区域不必要的阻隔、优化交流的沟通路线，有助于集体合作，提高团队的凝聚力。

2.体验舒适

办公室的舒适度直接影响工作者的心情指数和工作效率，需要从办公座椅的舒适性、空间色调，以及灯光照明等角度考量。

3.差异设计

根据办公空间的行业特点、企业理念、审美格调等，打造个性化的创意办公空间，营造空间氛围。

（二）办公空间快题设计案例赏析

办公空间是比较常见的一个出题方向，现代办公空间灵活多变，注重不同功能空间的合理布局与舒适性。在绘制时，一方面需要留意平面图标高符号、分区名称、材质标注、指北针等细节，另一方面顶面图的标高、材质标注、灯具图例、设计说明等要做到位，确保方案效果完整（图7-6、图7-7）。

办公室快题

爆炸分析

立面图1:100

图7-6　办公空间快题设计一　凌彬

图7-7 办公空间快题设计二 孙大野

四、酒店空间

酒店大堂是整个酒店空间品位和档次的重要体现，客人在这里办理住宿登记、手续、结账等，是客人进入酒店空间最先接触到的场所，一般包括门厅、前台、休息区等区域。整个酒店大堂的面积要根据服务的客户总数来定，其设计风格也要与酒店的定位及类型相吻合。例如，度假型的酒店应该突出舒适休闲这一特征，城市酒店应该更加偏向于商务，主题酒店应该突出主题性、个性等特征。

（一）酒店空间的设计要点

常见的酒店客房为标准间和套房。标准间一般有单人间和双人间两种，可满足客房空间的功能需求。一般为一张大床或者两张单床的形式，单床一般以床头柜进行空间分割，如两张单床中间有一个床头柜。套房一般包含起居、活动、阅读、洗漱、化妆等多个功能，面积较大。

1.服务台与接待区

接待部分的总服务台应布置在门厅内最为明显的位置，以方便旅客。服务台的长度与面积应按酒店的客房数来确定。靠近服务台的接待区内，应布置休息区域，以便于旅客休息或等候。

2.客房布置与走道

客房内家具布置以床为中心，床一般靠着一面实墙，其他空间摆放行李柜、衣帽架等设施。客房内的走道宽度为 $1.1m^2$。

（二）酒店空间快题设计案例赏析

在快题设计中，酒店空间也是经常考察的一大主题。酒店的视觉、灯光、装饰需要一体化设计，以突出室内焦点、强化主题风格、加强空间层次感，缔造酒店特有的气氛、意境（图7-8～图7-10）。

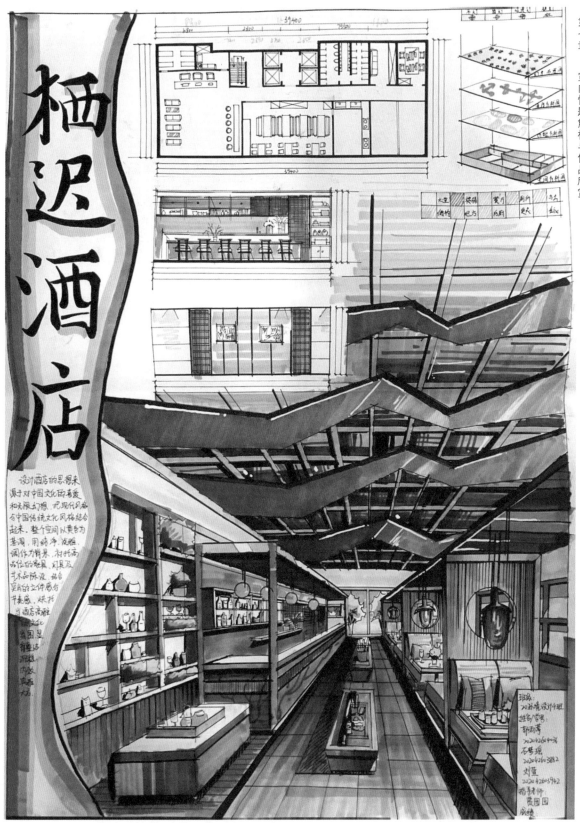

图7-8 酒店空间快题设计 郭雨菁

159

图7-9 酒店客房设计 孙大野

图7-10 酒店大堂设计 孙大野

五、商业空间

商业空间的种类很多，根据不同的销售行为和规模大小，一般分为大型综合商业中心、百货商场、批发商场、连锁专卖店、超级市场等，还有书吧、理发店、珠宝店、售楼处等。主要是用于商业用途的空间。

商业空间在设计时，需要站在消费群体的角度，考虑其消费购买行为，注重货架的摆放顺序、流线的合理设置、主次空间的安排等，并注重功能与艺术的完美结合。

（一）商业空间的设计要点

1.视觉营销

橱窗是商业空间的缩影，需要展陈具有代表性的展品，或是引人入胜的故事，从而吸引消费者。展台是内部空间重要的视觉营销设施，入口展台和核心空间展台能强化空间视觉氛围。此外，合理的商品排布位置和顺序也能营造良好的视觉效果。

2.动线设计

商业空间的购物过程中，每隔一定距离设计一些亮点，或者放置一个特殊展区，可吸引消费者停留更多时间，并借助动线的设计，巧妙地设计流动路线，串联展区。

（二）商业空间快题设计案例赏析

商业空间的设计方案注重空间的流动性、通透性和艺术性。它的最大特点是围绕既定的产品来营造经营气氛：所有的设施、色彩、造型以及活动、服务都为产品服务（图7-11、图7-12）。

图7-11 售楼部设计 裴蕾

图7-12 书吧设计 孙大野

六、展示空间

展示空间的设计要以突出展品为目的，通过一切设计手法为展品创造最佳的展示空间。设计时首先需要考虑展会主题和受众人群，其次需要注意的是，整体展示空间的风格在设计时一般以简洁大方为主，避免过于复杂的摆设，图文以简洁明快的方式出现，并且有中心、有亮点，这样能更好地吸引观众。展示空间的功能分区一般为展览区、办公区、通道、公共区域等。

（一）展示空间的设计要点

1.采用动态的、有主次、有节奏的空间展示形式

展示空间最大的特点是具有很强的流动性，所以空间在开放性基础上要保持一定流动性。

以最合理的方法安排观众的参观流线，使观众在流动中尽可能不走或少走重复的路线。主要展示区放在主要位置，次要展示区放在次要位置。空间形式要有足够的吸引力，对形式要求较高，要让人感受到空间变化的魅力和设计的无限趣味。

2.让展示效能最大化

有逻辑地设计展示的秩序、编排展示的计划、对展区进行合理分配是利用空间达到最佳展示效果的前提。

主要展品的位置要显眼，对于那些展示视觉中心点如声、光、电、动态及模拟仿真等展示形式，要给予充分的、突出的展示空间，以增强对人的感官冲击，给观众留下深刻的印象。

3.保证展示环境的辅助空间和整个空间的安全性

在一些大型的展示活动中，可能包含各种仪器、机械、装备及模型等需要消耗能源的设备，如空调房、机房、操作间等。

在展示空间设计的过程中，观众的需求是第一位的，所以必须重视展示空间的实用性及安全性。例如，参观流线的安排必须设想到各种可能发生的意外因素，在大型的展示活动中必须有足够的疏散通道和应急指示标志、应急照明系统等。

（二）展示空间快题设计案例赏析

一直以来，展示空间快题设计都是热门考题，展示空间设计是有关于信息传播的空间设计，其最大的特点是具有很强的流动性、主题性。因此在设计的过程中采用动态化、序列化、有节奏的展示形式是展示空间设计中必须遵循的原则（图7-13、图7-14）。

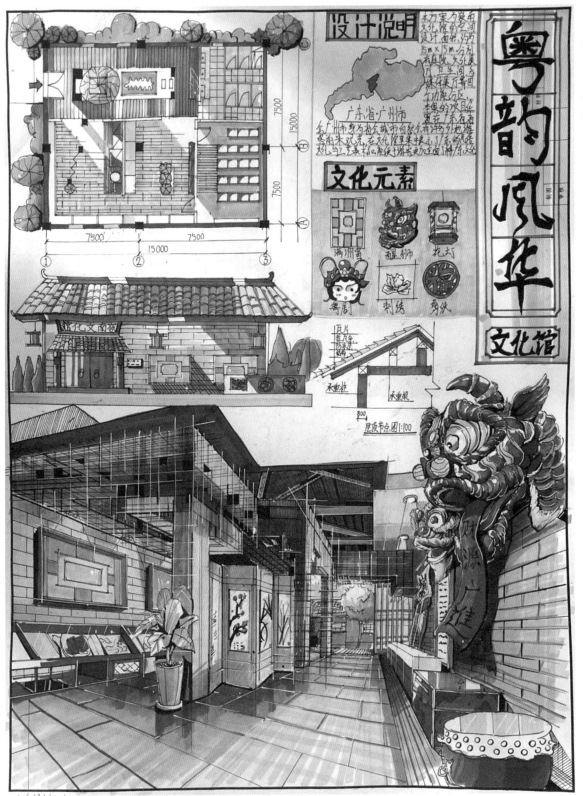

图7-13 展示空间快题设计 常胜源

图7-14 展示空间汽车商展 孙大野

第二节　表现步骤及技巧

一、审题、整理素材

室内设计手绘的完整表现，通常包含平面布置图1张，立面图4张（立面图须能体现居住空间的风格）。平面图比例为1：100，立面图比例为1：50。室内空间布局合理、尺度适宜、画面整洁、制图规范。在平面图和立面图上均需做好相应文字标注及主要尺寸的标注。室内主要空间透视效果图1张，附简要设计说明200字以内。

例题：某居住空间建筑面积90m²，请按照其空间结构特征进行室内快题设计。设计对象：一对年轻夫妇，女主人喜爱读书、绘画。设计时需要考虑空间的私密性（室内净高3.2m）。

解题：例题列举的建筑面积、设计对象、私密性等关键词，是方案设计与表现的重点。第一点，设计对象是年轻夫妇，所以设计方案可以大胆创新，体现年轻人的审美需求；第二点，女主人喜爱读书、绘画，方案功能分区时需要考虑设计一间独立的书房，用于女主人读书或者绘画；第三点，根据女主人喜爱绘画的特点，软装陈设品的选择可以多以绘画类作品为主；第四点，客厅设计，尽可能满足采光、通风、开放等条件，也可以适当设计酒水吧台。

审完题后，设计者心里对方案的理解可能是一个元素、一个场景、一种风格。为了将期初的设计理念落地为设计方案，需要尽可能地搜集各方面的素材，为方案的铺垫做准备。

设计小窍门：设计方案表现过程中，平面图、立面图、效果图等手绘基本功的考核是重点，结合命题的要求，方案的创意表现能够使方案更具特色，排版布局的合理性会使方案设计重点突出，更具观赏性。

二、对素材的处理阶段

在前期设计素材准备充分的情况下，进入设计素材的处理阶段，这个阶段是整个方案最重要的，如果这个阶段设计方向偏离，那么可能整个方案就会跑题。

设计小窍门：这个阶段分配时间较少，需要在脑海内对业主需求、空间环境特点、风格元素等进行构思，确定方案的大体方向和思路，然后将版面构图简要勾勒出来，并确定方案的难点，以及解决方案。

三、绘制草图

草图是直观地表达方案的一种方式，是方案形成的基础。在方案构思成熟后即可起笔绘制和完善，草图的绘制时间为20分钟左右。

设计小窍门：按照合适的比例，在给定的纸张上进行草图绘制，避免出现尺度不协调的问题。例如，A3和A4纸上常用的比例为1∶100、1∶150、1∶200。另外，在纸张上画好比例准确的基地图后，可以使用现成的硫酸纸或者坐标纸蒙在基地图上，用以后期画平面图，可节省一些绘图时间。

四、方案详解

室内设计手绘方案需要处理好空间的功能和形式，以及图纸、字体、排版等，这些要素对于一个方案的成功表达至关重要。

（一）功能的划分

根据面积大小和人体尺寸关系进行空间功能的定位。人体常用尺寸和使用方式决定了家具的尺寸和空间大小，所以人体尺寸需要熟练掌握。

设计小窍门：居住空间中的起居室是室内空间中最重要的区域，一般需要满足会客、娱乐、休闲、活动等多种功能，设计时需要考虑有足够的采光、通风等条件，空间的处理上应该以开阔为主，避免过多的家具或者陈设品影响整体居住空间的动线。顶面设计时，需要考虑餐桌的中心位置而非原本餐厅物理定位的中心。

（二）空间的形式

室内空间形式多种多样，原始结构中承重的结构围合成固定空间，不承重的可以通过拆改或者隔断、轻钢龙骨、玻璃等对空间进行分割。良好的空间形式有一定的视觉导向性，可以引导人观察事物，引导人流方向，形成多向的活动路线。

设计小窍门：起居室一般可以用"虚拟空间"的处理手法，凭借家具、灯具、地毯等形成围合空间，常见的有矩形、方形等偏规则的形状，也可根据电视背景墙的位置，设置为一字形、L形、U形的空间形式。当房屋形状、朝向不同，不能用传统的布局形式进行设计时，需要尽可能科学利用空间，避免空间浪费。

书房或者手工区可以采用"子母空间"的处理手法。子母空间是对空间的二次限定，即在原来母空间的基础上用实体或者象征性的手法限定空间。设计风格应和其他空间保持一致。

影音室、阅览室一般可以采用"上升和下沉空间"的处理手法。上升空间是把局部抬高，使其成为视觉焦点，例如地台。下沉空间是地面局部下沉所形成的空间，这种空间相对来说私密性较强。在进行方案设计时可以根据房间面积的大小和高度来相应地调整上升和下降的尺寸。

设计者需要掌握多种设计表现方式或者技巧，从抽象到具体、从严谨到松弛，对不同方案进行对比取舍，从而确保方案最终的创意性。

（三）图纸

1.平面图画图技巧

平面图属于手绘表现图中比较重要的图纸，其可以反映各区域功能分区是否合理、家具的种类尺寸、陈设的风格、绿化之间的关系等诸多信息。平面图一般先用铅笔打稿，然后根据图面大小选比例、画轴线、移墙体、开门窗、摆家具、标注文字和尺寸。

墨线图：方案设计完成后，就可以绘制正式的墨线图了。对于承重的墙体和主要结构件，一般用粗实线来画，对应针管笔的0.8mm或者1.0mm；家具和文字说明等一般用细实线来画，参考用笔0.3mm或者0.6mm。

上色：墨线图确定好后，就可以对其进行上色了。一般上色采用铅笔和马克笔搭配进行，这两种工具携带方便，而且容易上手。

设计小窍门：第一步，确定主色调，进行颜色搭配，做到心中有数。通常，书房采用冷色调，客厅、餐厅最好选择暖色调。灰色调主要画基底色、墙体等，黄棕色主要画木制家具，红色、蓝色、紫色等常用来表现家具陈设等。可以用绿色、红色来点缀植物，最后以彩铅做辅助。第二步，以家具组合为中心，用平铺和明暗渐变结合的方法上色。不同类型的家具、陈设等用不同的颜色来表示，以利于区分、便于识图。然后进行细节刻画，要表现出形体轮廓、材质特点，但材质不宜多，不做细致刻画。第三步，地面绘制。可以采用平铺方法，然后刻画投影或地面高光。第四步，空间中家具、地面等的细节刻画常常需要马克笔、彩铅、高光笔等多种材料结合使用。第五步，调整画面，围绕主色进行画面调整，注重局部对比色的运用。

2.立面图画图技巧

立面图是墙面按照投影方向所得的正立投影图，立面图上可以清晰地反映室内空间垂直方向的造型、尺寸、材质等。

设计小窍门：立面图绘制时，不必详细绘制出房屋的顶面造型，只需要简单地交代清楚梁等与墙面的位置关系。居住空间的立面图要选择能够代表方案设计特色的主要立面，如客厅电视背景墙、书房墙面等。立面图的绘制要完整，不要只画形式，最好保留墙体剖面使图纸更完整。对于开放空间共用一个立面的情况，一般可以画一个。立面图是施工图的主要图纸之一，一般来说，在绘制立面图时，外轮廓用粗实线，门窗等墙面造型可以用中实线，其他标注、引出线等可以用细实线。立面图常用比例为1∶30、1∶50。

3.透视图画图技巧

室内透视手绘时要突出表现的重点，注意视角的选择，尽量表现大场景，反映空间的结构关系。

设计小窍门：在绘制时，空间透视比例关系明确后，视觉中心一般定在1.2~1.5m，视点则根据手绘表现的重点内容，选择用一点透视或者两点透视。不同结构要通过不同的线型、尺规去勾勒，如果绘制大体量的硬质构造，可以借助尺规来表现；如果空间较小，或是绘制软装、陈设等软质构造物，可以徒手表现。画面中要既有硬又有软，刚中有柔，突出画面层次感。

（四）文字

室内设计居住空间手绘表现中，出现的文字主要是标题和设计说明两部分。

1.标题

标题内容一般应与设计任务书对应，如"王女士居住空间室内快题设计""光之家——室内空间快题设计"等，也可以在大标题的基础上添加副标题，如"绿色生态之环保之家""智能室内——设计师之家"等。

标题是手绘表现成果的重要内容，位于版面的正上方、中间或左边，一般字体形式简洁大方，与设计主题相呼应。色彩选择上，应选择灰色或者整体设计中的某一颜色，以与设计内容相互搭配，增强整体感（图7-15）。

设计小窍门：标题通常选用黑体、宋体和各种艺术字体，需要先确定文字内容，然后确定位置，再借助打格子的形式，将标题整齐地写在版面上。

图7-15 字体 朱柳颖

2.设计说明

设计说明是对方案的解读，主要讲解解题思路、主要内容等，需要逻辑准确、调理清楚、语句顺畅，一般控制在100~200字。

万能模板一：本方案是以××为主题，将××和××结合起来，方案整体以××风格为主，在总体布局上满足了××的要求。方案的设计亮点是××的设计或隔断的设计，体现××之感，营造了一种××空间。

万能模板二：围绕方案基本情况、主要的设计灵感和设计元素、阐述设计思路和解决问题的结构来写设计说明。

五、版式设计

室内设计居住空间手绘表现中，在有限的篇幅内合理布置图纸内容和画面，使版面中重点突出、构图具有美感，是很重要的一个方面。通常，纸张四周边框要预留1cm左右。以A3图纸为例，常见排版格式如图7-16所示。

设计小窍门：排版就是把平面、立面、效果图等图纸通过一定的版面，有序地组织在一起，更好地传达给观者。版面可以采用横排版

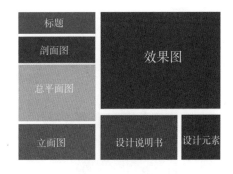

图7-16 竖版图

和竖排版，为使版面主次有序，在版式的大小、尺寸、形状等方面可以采用对比、衬托等设计手法，使统一中有变化，变化中又相互和谐。

六、检查与完善

室内设计居住空间手绘表现完成后，进入检查阶段，检查面积是否有所减少，储藏间、洗手间等会不会有面积上的限制，总平面图、立面图等图纸是否标注清晰、是否符合国家规范等。

还要检查是否有与考试相违背的地方，如有的考试不允许把姓名、考号等基本信息写在图纸正面，也不允许在图纸上做无关记号。

第三节 作品欣赏

室内设计手绘作品如图7-17～图7-36所示。

千里江山雅居

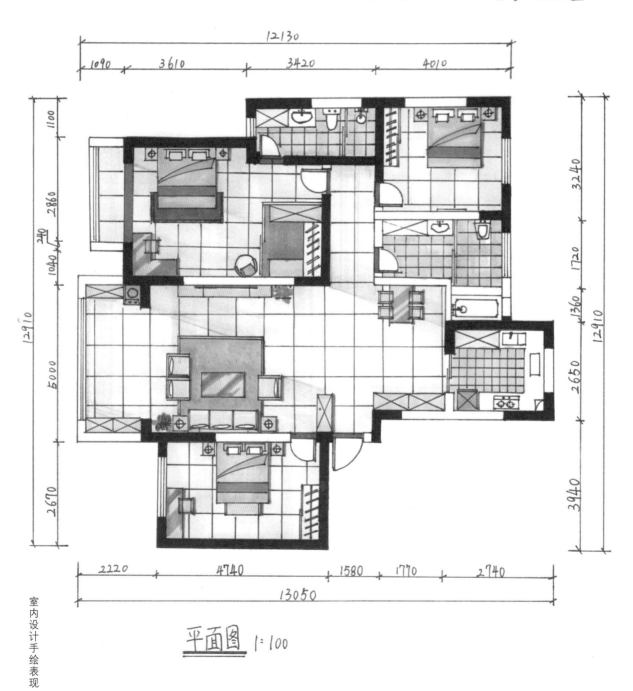

平面图 1:100

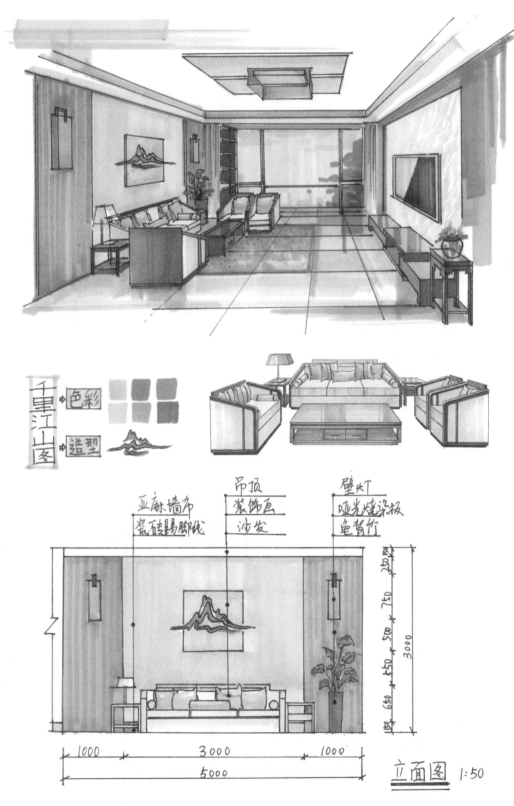

千里江山图 → 色彩

千里江山图 → 造型

亚麻墙布
瓷砖踢脚线

吊顶
装饰画
沙发

壁灯
哑光烧染板
龟背竹

1000 3000 1000
5000

150 650 450 500 750 3000

立面图 1:50

图7-17　作品一　朱柳颖

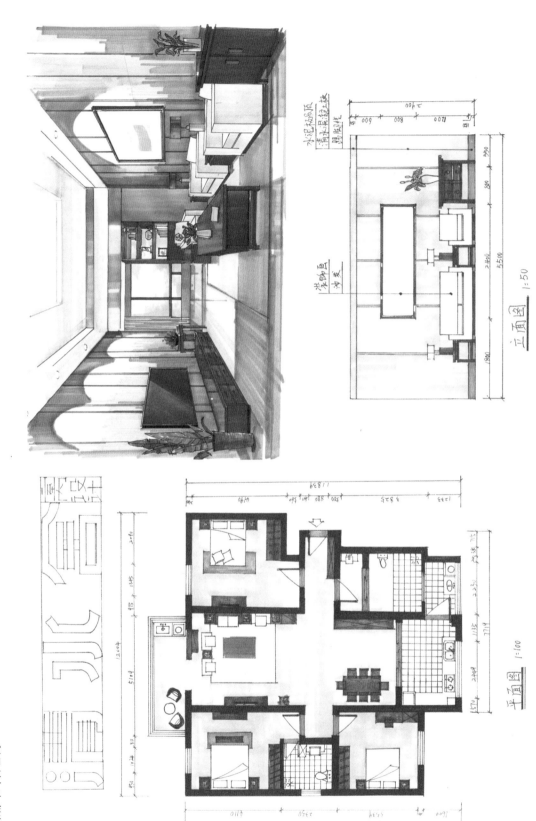

图7-18 作品二 朱柳颖

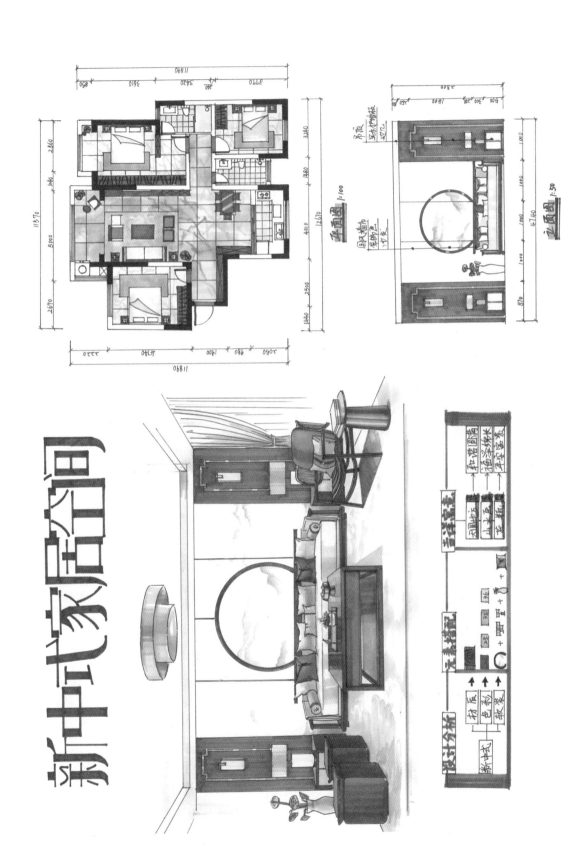

图7-19 作品三 朱柳颖

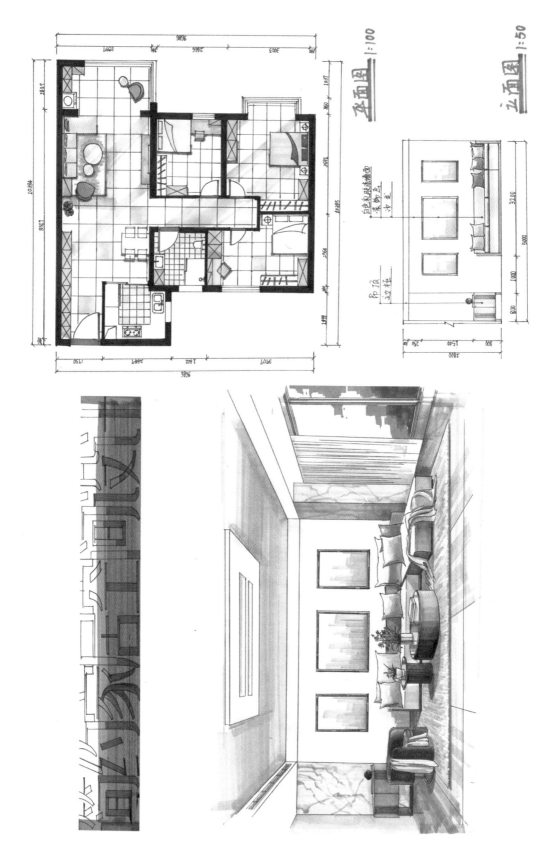

平面图 1:100

立面图 1:50

图7-20 作品四 朱柳颖

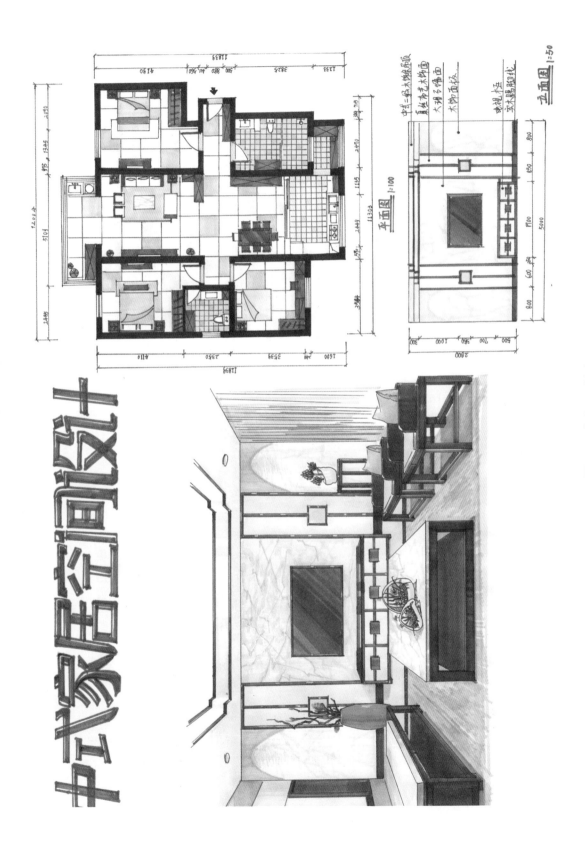

平面图 1:100

立面图 1:50

图7-21 作品五 朱柳颖

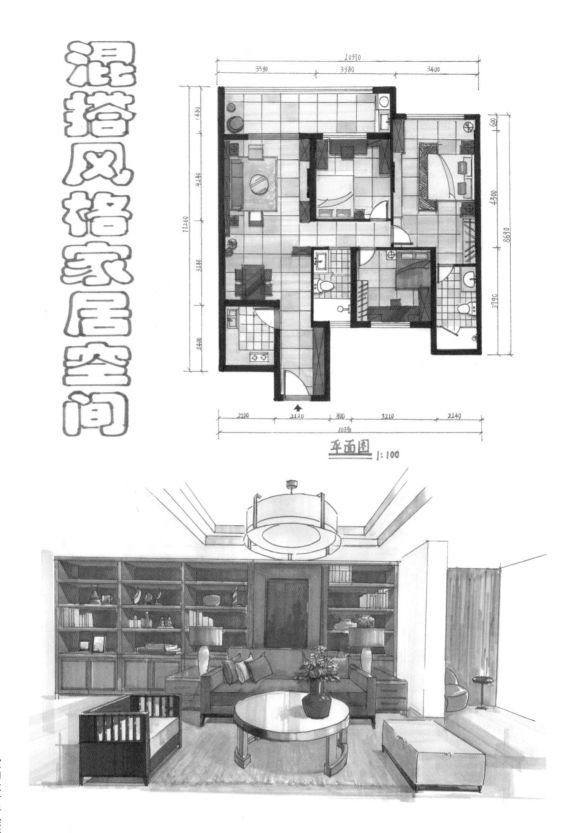

混搭风格家居空间

平面图 1:100

图7-22 作品六 朱柳颖

尚简家居空间

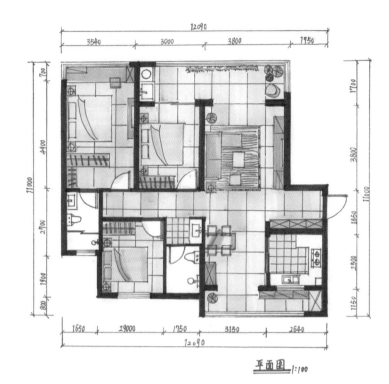

平面图 1:100

图7-23　作品七　朱柳颖

两室一厅家居空间

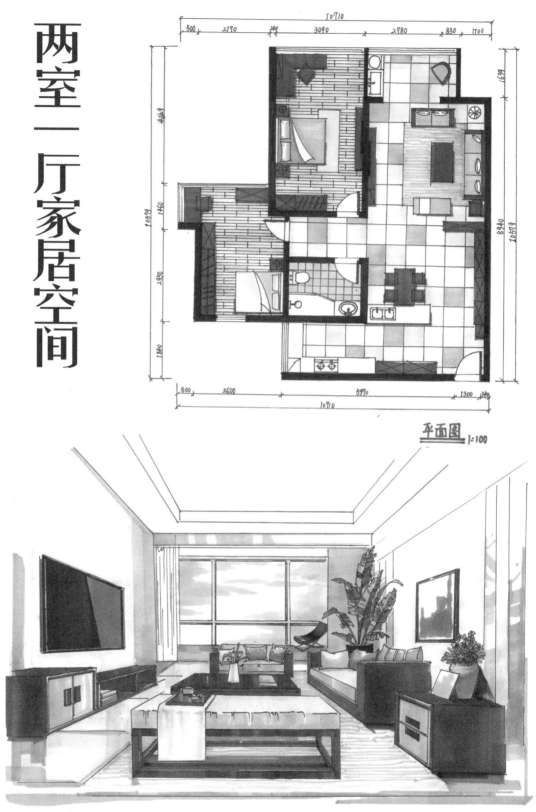

平面图 1:100

图7-24 作品八 朱柳颖

中式家居空间

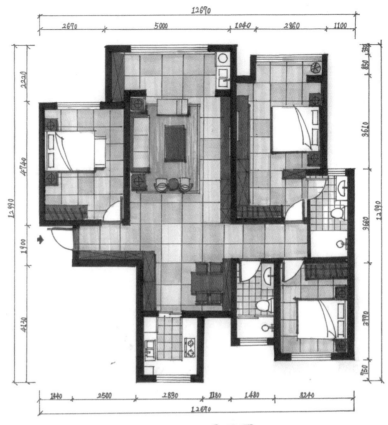

平面图 1:100

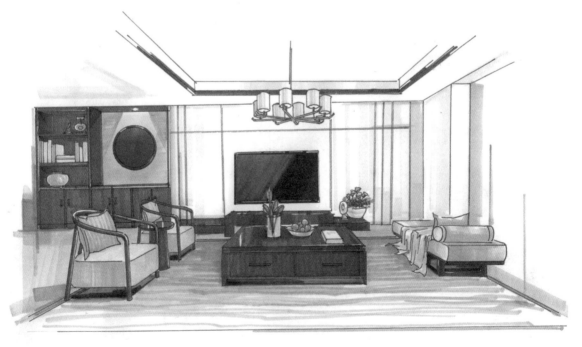

图7-25 作品九 朱柳颖

中式室内空间

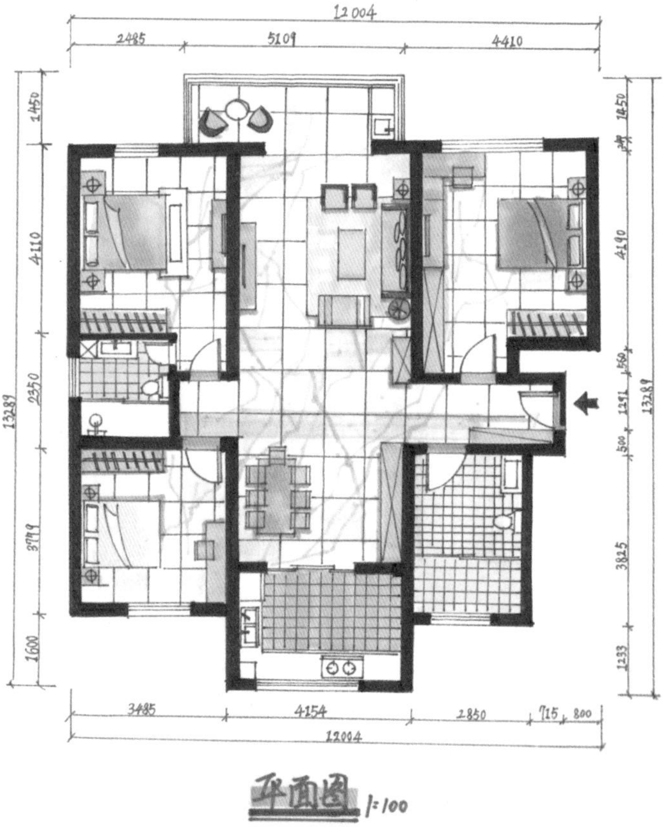

平面图 1:100

图7-26 作品十 朱柳颖

图7-27 作品十一 朱柳颖

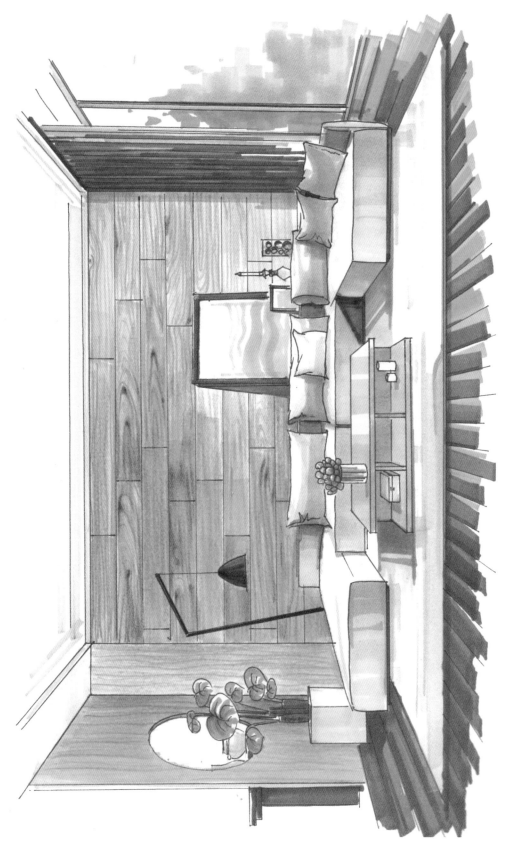

图7-28 作品十二 朱柳颖

室内设计手绘表现

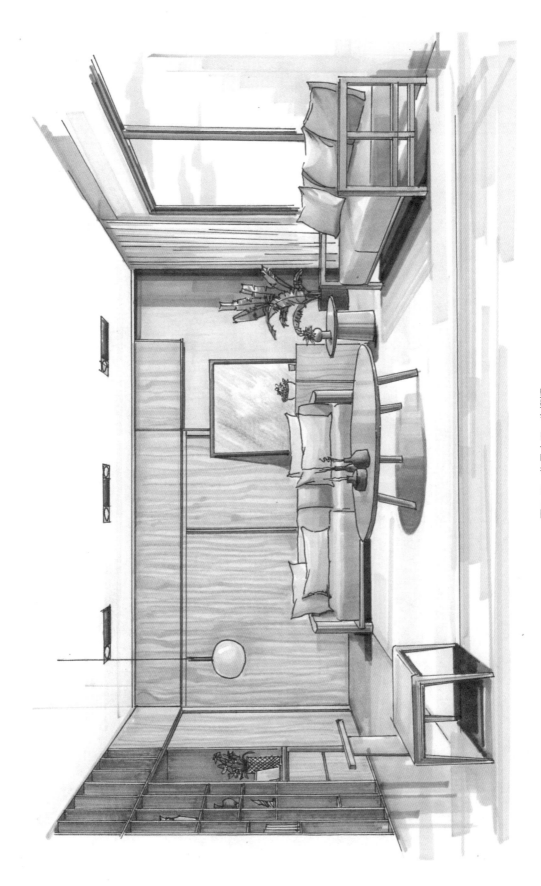

图7-29 作品十三 朱柳颖

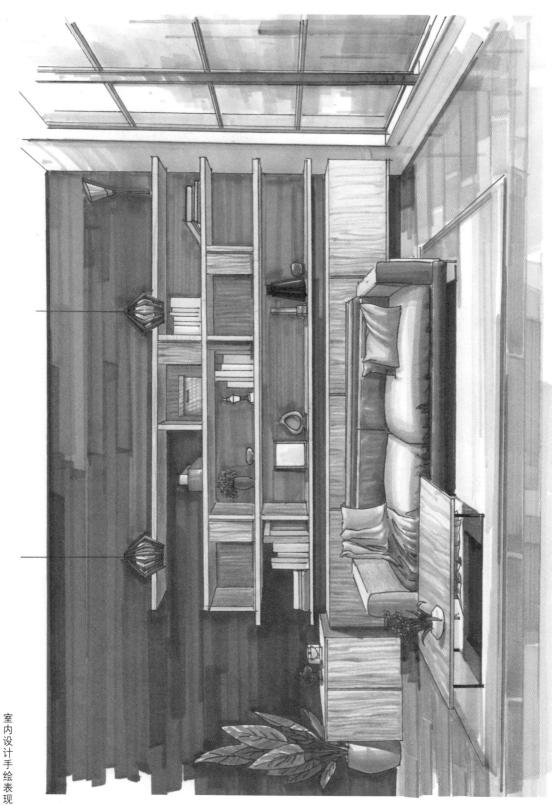

图7-30 作品十四 朱柳颖

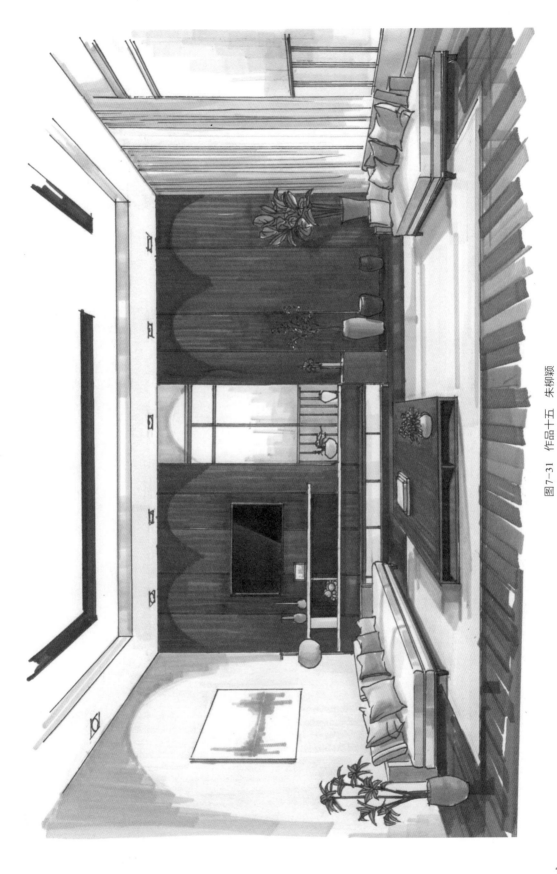

图7-31 作品十五 朱柳颖

图7-32 作品十六 朱柳颖

图7-33 作品十七 朱柳颖

图7-34 作品十八 朱柳颖

图7-35 作品十九 朱柳颖

图7-36 作品二十 朱柳颖

参考文献

［1］萨拉·柯耐尔. 西方美术风格演变史［M］. 欧阳英，樊小明，译. 杭州：中国美术学院出版社，2008.

［2］刘广滨. 绘画透视　设计透视——透视学［M］. 南宁：广西美术出版社，2010.

［3］殷关宇. 透视［M］. 杭州：中国美术学院出版社，1999.

［4］张绮曼，郑曙旸. 室内设计资料集［M］. 北京：中国建筑工业出版社，1991.

［5］陈红卫. 陈红卫手绘表现技法［M］. 上海：东华大学出版社，2013.

［6］梁华坚，徐飞，罗周斌，等. 室内设计手绘效果图表现技法实训［M］. 南宁：广西美术出版社，2010.

［7］刘泽宇，张恒国. 室内设计手绘效果表现［M］. 北京：北京交通大学出版社，清华大学出版社，2017.

［8］胡艮环. 室内表现教程［M］. 杭州：中国美术学院出版社，2010.

［9］赵国斌，赵志君. 室内设计手绘效果图［M］. 沈阳：辽宁美术出版社，2017.

［10］刘雅培，李剑敏. 室内设计手绘技法［M］. 北京：清华大学出版社，2013.

［11］杜健，吕律谱，段亮亮. 室内设计手绘与思维表达［M］. 北京：人民邮电出版社，2018.

［12］唐殿民，崔云飞. 手绘效果图表现技法［M］. 上海：同济大学出版社，2010.

［13］郭明珠. 室内外效果图手绘技法［M］. 北京：北京大学出版社，2010.

［14］刘泽宇，张恒国. 室内设计手绘效果表现［M］. 2版. 北京：清华大学出版社，2017.

［15］韦自力，黎勇，金磊，等. 室内手绘效果图快速表现技法［M］. 天津：天津大学出版社，2012.

［16］麓山手绘. 室内设计手绘表现技法［M］. 北京：机械工业出版社，2014.

［17］郭甜. 透明家具设计研究［D］. 上海：东华大学，2007.

［18］陈惠. 家具造型设计的外观美学评价体系研究［D］. 昆明：昆明理工大学，2013.

［19］刘慧杰.基于现代生活方式的中式家具设计研究［D］.天津：天津科技大学，
2017.

［20］蒋巍.视角指定错视在视觉传达设计中的应用［D］.西安：西安理工大学，2007.

［21］谢东.环境艺术设计手绘表现技法研究［D］.广州：广东工业大学，2013.

［22］曹余露.商业空间室内陈设与绿化设计［J］.智库时代，2017（14）：233，235.

［23］蒙立英，倪进方.提升民办高校视觉传达设计专业手绘能力的路径研究［J］.西
部皮革，2018，40（23）：48-49.

［24］杨立泳.手绘效果图技艺浅谈［J］.内蒙古艺术，2009（1）：106-108.

［25］张路南，丁山.新中式客厅家具组合的设计与运用［J］.家具与室内装饰，2018，
5（11）：106-108.

［26］李玲.家装行业市场发展视角下室内设计软装应用探析——以北欧风软装搭配
为例［J］.知识经济，2019（22）：53-54.

［27］马贻.室内手工表现画技法课程教学难点探究［J］.室内设计与装修，2022（9）：
120-121.